DIY + GREEN

讓你更愛自己的家

TSURUJO + MIDORI雜貨屋

DIY + GREEN
自宅改造綠色家居

TSURUJO + MIDORI雜貨屋

ちょっとから、すごく、かわる。

從小處著手就能耳目一新

即使對自己的小窩有許多的不滿意，仍日復一日地生活著，

腦海中卻時時浮現心愛且常去的咖啡館裝潢，以及電影中某一幕的場景──

多希望自己也擁有這樣的一個空間啊！

心動不如馬上行動，今天就動手打造吧！

買個簡便的工具箱，將屋子塗上記憶中的顏色，在舊物或二手雜貨上作些加工，

並試著點綴一些綠色植物。僅僅如此，就能創造出百看不厭的居家空間唷！

Make up
Your room

DIY + GREEN = COME TO LIKE MY HOME

時至今日，人們似乎很少再說「我好愛自己的家」了。讓我們試著自己動手加工、進行改變吧！以豐富的綠色植栽點綴小窩，打造出自己喜愛的家居風格。工作團隊的夥伴關係緊密，各自擁有擅長的領域——無敵團隊TSURUJO（P.8至P.9）於是誕生。

CONTENTS

2	從小處著手就能耳目一新。MAKE UP YOUR ROOM
4	DIY + GREEN=COME TO LIKE MY HOME
7	PART 1 WE ARE TSURUJO
8	TSURUJO的誕生
9	DIY + GREENの生活
10	TSURUJO'S FAVORITE 塗料・灰泥・壁紙
12	鶴見倉庫改造計畫！
18	綠意慶典
19	PART 2 混融老式美國風：chikoの五感共響CAFE HOME
27	PART 3 塗料狂milyの懷舊法式風
35	PART 4 藝術家gamiの塗鴉風小屋
43	PART 5 充滿好奇心！Negoの休閒風百寶箱
51	PART 6 DIY夫妻檔：Rieの西岸工業風
59	PART 7 園藝家RIKAの綠意之家
67	PART 8 HOW TO DIY
80	TSURUJO'S FAVORITE 電動工具
81	PART 9 MIDORI雜貨屋的綠意風格
91	INAZAURUSU屋の人造植栽

┌── 對於作品的意見圖示 ──┐

MIDORI雜貨屋建議的綠色
植栽選擇方式&裝飾方法。

INAZAURUSU屋建議的人造
植栽選擇方式&裝飾方法。

WE ARE TSURUJO

PART 1

「つるじょ」誕生ストーリー

TSURUJO的誕生

這裡是孕育＆誕生TSURUJO的INAZAURUSU屋。TSURUJO的成軍正是我的夢想。

我於數年前開始經營部落格，從那時得知在室內設計部落格的世界裡，原來有這麼多的主婦們樂於DIY改造自家，讓生活更貼近自我、更加快樂。

因為身兼母親與妻子的雙重角色，我每天都過得非常忙碌，但仍然找出時間享受DIY改造的樂趣，也讓自宅逐步「變身」。那些樂於藉由部落格將自宅改造理念傳達出去的主婦們，身上展現著令我無比欣賞的能量，我希望讓更多人看見她們的「厲害」，以及她們在DIY改造上所呈現的魅力。

多虧有她們，我很享受室內設計帶來的樂趣，也嘗試加入雜貨感的風格，從此一頭栽進了人造綠色植栽的世界。為了傳達人造綠色植栽的魅力，我辭去原有的工作，於2013年開始經營這一家人造綠色植栽的專門店——INAZAURUSU屋。這段時期，我不僅是INAZAURUSU屋的老闆，從事人造綠色植栽的工作，也開始籌備活動，向大眾宣傳這些DIY部落客們的優秀之處。

chiko（最右邊）
具有絕佳的DIY技術與品味，已經出版多本書籍。有一對即將成年的兒女。對美好的事物充滿企圖心，而且熱愛音樂。出生於岐阜縣，居住於愛知縣。

mily（最左邊）
一旦專注投入DIY便停不下來的「狂熱者」。有三個孩子，包括一個將成年的女兒與一個兒子，還有一個如精靈般的小女兒。成長於大阪，居住於大阪。

gami（右起第二位）
具有非凡的繪畫品味。擁有兩個兒子。善於吐槽，非常喜歡肉食與酒。成長於大阪，居住於大阪。

Nego（右起第三位）
擅長在育兒生活中加入品味絕佳的DIY創意。有著即將成年的兒子和女兒，以及一個性格鮮明的么子。時尚教主。成長於大阪，居住於和歌山縣。

Rie（左起第二位）
絕技是高速連續拓印型版。擁有兩個兒子。帶著些許「M屬性」的「人見人愛性格」。成長於京都，居住於大阪。

RIKA（中央）
只要是以植物為主的室內設計或園藝工作，就交給她吧！有一個就讀高中的兒子。為人穩重踏實，偶爾天然呆。成長於兵庫縣，居住於大阪。

INAZAURUSU（左起第三位）
身高150公分的火爆恐龍，也是剛生育女兒的超新手媽媽。出生於神奈川縣，居住於東京。

DIY + GREENのある暮らし
DIY + GREENの生活

　　不過，我發覺僅僅透過個人部落格，實在沒辦法完全將她們的魅力傳達出去。為了將這股魅力「活靈活現」地宣揚出去，我一直在尋找一個特定的空間，在這個空間裡可任由她們DIY建構，也能讓許多人前來遊玩，同時觀看她們的魅力身影與迷人作品。

　　就在這個時候，我收到MIDORI雜貨屋的邀約，希望INAZAURUSU屋能協助改造他們的鶴見倉庫。一踏進鶴見倉庫的那一瞬間，我便感覺到：就是它了！

　　「就是這裡！我一直在尋找的地方！」找到這個場地就像是命中註定。那天，在那裡，我很興奮地將內心的感受告訴MIDORI雜貨屋老闆，而對方也深有同感，實在非常開心。

　　接著，我集合了這些感情和樂的部落客們，並開始實施我們的鶴見倉庫改造計畫，TSURUJO於是誕生。

　　本書是TSURUJO與MIDORI雜貨屋一起合作的第一本書。DIY改造是如此讓人熱血沸騰，容易上手且充滿樂趣。TSURUJO邀請各位讀者，跟著我們一起在日常生活裡嘗試DIY + GREEN，你一定會因此更愛更愛自己的家。

つるじょの FAVORITE

TSURUJO'S FAVORITE

塗 料 介紹TSURUJO喜愛且應用於本書中的塗料

GRAFFITI PAINT Wall & Others
塗鴉水性漆

霧面質感，具良好的吸附力與延展性，
最適合用於室內外的牆面、建材、家具、氯乙烯壁紙、灰泥、保麗龍等材質。屬於水性塗料。

Fox Tail（GFW-02）
黃色。使用飛濺技法創造重點時的推薦
色，是一款與各色相容的百搭色號。

Melon Flavor（GFW-17）
推薦用於廚房或收納格架周邊的蜜瓜
色。chiko的愛用色號，我們都暱稱為
chiko melon。

Hass Avocado（GFW-18）
酪梨色，gami非常喜愛的色號。暱稱
「酪梨」。

Dark Abyss（GFW-20）
深沉的藍色，推薦用來塗刷牆面，是
gami愛用的色號。暱稱「海軍藍」。

Snow White（GFW-26）
白色的塗料，很推薦使用在手繪文字或
是型版鏤印。

Dolphin Dream（GFW-27）
適合塗刷牆面的灰色，被大家暱稱為
Zouphin。

Rolling Stone（GFW-28）
適合用於天花板的深灰色號。

Bear Family（GFW-29）
推薦用於入口玄關或門板的深紅色號。
暱稱「鐵橋紅」。

Cacao Bean（GFW-30）
推薦用於鐵鏽加工的棕色色號。被大家
暱稱為「鐵鏽可可豆」。

Black Beetle（GFW-35）
無論是門板或牆面都很適用，是一款帶
有重量感、質感如鐵的黑色。

★Glitter GOLD RUSH（GS-04）
金色。推薦的使用方式是以Dark Abyss
（GFW-20）為底色，再以此色號作型版
鏤印加工。

依照塗裝效果選擇搭配的底漆

底漆可提高基材與上色塗料的密著度，大致分為「有光澤」與「無光澤」。以下介紹
的塗料全部為水性漆。

無光澤的底漆塗料

□ 以GRAFFITI PAINT Metal Primer 薄塗
  適用於熱鍍鋅鋼板、鋁、鑄鐵、不鏽鋼等金屬製品，能提高上色塗料
  與基材間的密著度。顏色為灰色。

□ 以GRAFFITI PAINT Wall & Others（GFW-○○）塗刷兩次
  適用於貼皮合板材質的踢腳板、天花板線板、門扉、拉門等隔間材、
  金屬網架、鋁窗、鐵門等。

有光澤的底漆塗料

□ 以GRAFFITI PAINT Floor Primer 薄塗
  塗在水泥、砂漿、柏油等材質的表面作為基底層，能夠提高後續上色
  塗料的耐久性，完成效果也比較精美。顏色為透明。

□ 以GRAFFITI PAINT Floor（GFF-○○。此系列的底漆本書會標示
  為「地用版」）塗刷兩次
  屬於強力塗料，室內外皆可使用（用於地面、水泥、砂漿、木地板、
  瓷磚等）。

其他人氣款塗料

Old Village的塗料也很好用，
擁有超高人氣！

Gel Wood Stain
使用天然材料製成的木材防護
著色塗料，屬於油性塗料。除
了加強木紋效果之外，還能保
護實木的表面。塗刷後木材表
面會呈現較深的色澤。共有
十三種自然色號。

Antique Liquid
可作出古董風格的色澤，屬於
油性塗料。可單獨使用，或在
上完著色塗料收尾時，刷上這
一款塗料，作出仿舊效果。若
想賦予材質深淺層次感，也很
推薦使用此款塗料，還可仿鐵
鏽加工。有黑與棕兩種顏色。

| 灰 泥 | 介紹TSURUJO喜愛且應用於本書部分內容的灰泥。 |

COMFORT WALL for DIY

天然材料製成的室內裝潢塗裝壁材，安全性極佳。可直接塗在氯乙烯壁紙上，創造出高質感的灰泥風格牆面。操作手感滑順，質感柔軟且具延展性，為創作帶來更多的可能性。塗裝成品無接縫，可打造出一體成形的感覺，並表現出豐富的樣貌，讓人更加享受DIY的樂趣。

灰泥的成分中加入了礦物或木頭纖維，所以強度高，不易產生裂紋，同時又能呈現柔和的空間氛圍，這絕對是它的一大魅力。灰泥的成分大多為無機質，不易燃燒，且不含甲醛等有害物質，屬於非常安全的塗裝壁材。

從自然色系到鮮豔色系，一共有十二種色號。

UMA～KU NURERU灰泥

UMA～KU NURERU標榜每個人都能簡單上手，且能隨處塗刷。居家裝潢時塗裝灰泥，可使室內呈現明亮且柔和的效果。UMA～KU NURERU的灰泥品質極佳，以天然原料製成，可調節濕度、防黴，且吸收甲醛後不易再度揮發，還可吸收不好的氣味與二氧化碳，幫助淨化空氣。由於是不易燃燒的材料，所以不必擔心燃燒時產生有毒氣體。

開蓋後即可使用，不論室內或戶外牆面，都能輕鬆塗刷。施工後，塗抹面不會斑駁脫落，如果有輕微髒污，只需以橡皮擦或清水就能清除。長期存放後再使用也沒問題。

全系列有自然色系十色，限量管狀包裝兩色，合計共十二色。

| 壁 紙 | 介紹TSURUJO喜愛且應用於本書部分內容的壁紙。 |

壁紙屋本鋪

壁紙屋本鋪販售許多支援DIY的壁紙。TSURUJO團隊常選用紅磚、尺、書架等圖案的壁紙，應用在自家改造上。店內各式壁紙種類齊全，有仿真款，也有充滿個性且視覺效果強烈的樣式，在既有的空間內演繹著各種美麗。

還有適合初學者的套裝商品，分為三大類，分別是練習用、浴廁用、三坪空間用，每種尺寸都有多種花色可供選擇。套裝商品的內容有：附背膠壁紙、刷子、竹片刮刀、壁紙刮刀、海綿、滾筒刷、裁切刀、裁切刀替換刀片、間隙修補材料、說明書。

鶴見倉庫改造計画！

2015年夏天，我在TSURUJO的發源地──MIDORI雜貨屋的鶴見倉庫。
原本缺乏活力的老舊空間，在TSURUJO的巧手改造下變身了，至今仍持續進化中。

廚房大改造

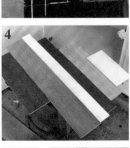

BEFORE

二樓最裡面的位置是一間老舊的廚房。首先將牆面的磁磚清理乾淨，然後薄塗Floor Primer底漆，提高後續塗料的密著度。

1【以毛刷與海綿上漆】
待Floor Primer底漆徹底乾燥後，以毛刷塗上塗鴉水性漆Black Beetle（GFF-35）。接著以海綿沾取Black Beetle（GFF-35），以拍打的方式再上一層，消除剛才塗刷時的刷毛痕跡。

2【以油性麥克筆描繪磁磚縫隙】
使用油性麥克筆描繪磁磚縫隙，使整體牆面看起來就像拼貼了黑色磁磚一般。

3【杉板上色並配置於側面牆壁】
將裝飾用的杉板分色塗上一層Gel Wood Stain防護漆。一邊思考配色的平衡感，一邊把上色的杉板貼著側面牆壁置放，再以電動螺絲起子鎖上螺絲，確實固定。

4【將裁切好的合板塗上防護漆】
從居家修繕賣場買來裁切成帶狀的合板，厚度4mm。將合板塗上各種不同顏色的防護漆，接著隨個人喜好決定拼貼配置，以木工用白膠黏貼於流理臺的收納櫃門片上（門片預先拆下），並以釘子加強固定。

5【以圓鋸機裁切後完成裝設】
以圓鋸機裁切門片上多餘的合板，再將門片裝回收納櫃。

6【塗裝上方收納櫃內側並於正面裝設框板】
拆除上方收納櫃的門片，以Melon Flavor（GFW-17）塗裝櫃子內側。選擇適合收納櫃正面邊緣的板材，作成框板，並塗上Snow White（GFW-26），最後裝設於櫃子正面。

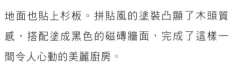

地面也貼上杉板。拼貼風的塗裝凸顯了木頭質感，搭配塗成黑色的磁磚牆面，完成了這樣一間令人心動的美麗廚房。

BEFORE
採用型版、插畫、手繪文字等技法來塗裝樓梯,整體造型
兼具色彩與質感。

1【以地板用底漆和塗料塗裝樓梯】
先將樓梯薄塗一層地板用底漆。待底漆乾透之後,再以毛
刷刷上地板用水性漆Diamond Dust(GFF-33)。

2【利用型版的網紋作出仿鋼板效果】
將地板用水性漆Diamond Dust(GFF-33)與Dolphin
Dream(GFF-27)兩色混合,作出淡灰色與深灰色塗
料。使用拼貼、塗鴉常用的仿鋼板紋路型版,第一次先刷
上淡灰色,第二次再於其上放置另一片型版後塗上深灰
色,可創造出陰影感。

3【以棕色壓克力顏料作出鏽蝕感】
以海綿沾取兩種棕色系壓克力顏料,以輕輕拍打的方式薄
塗於樓梯面上,再以擦拭用布(毛巾或碎布)輕輕擦拭表
面,即可完成金屬鏽蝕的效果。

4【手繪完成裝飾】
階梯立面隨個人喜好選擇塗鴉用水性漆,手繪插畫或文字
進行裝飾。

淡淡的底色搭配紅色與深藍色,凸顯裝飾重點。完成加工的
樓梯有著可愛的氛圍,同時還帶著著酷帥感與普普風。

BEFORE

BEFORE

原本這個角落大部分是白色牆面與鋁製窗框，我們決定粉刷牆面，並加上手繪文字，讓窗邊看起來很有氣氛，將這裡改造成一個充滿魅力的空間。

1【牆面粉刷後以型版鏤印金色字體】

先以Dark Abyss（GFW-20）塗刷整個牆面。製作字體型版，選出視覺均衡感最佳的位置，以紙膠帶將型版固定在牆面上，接著以刷筆沾取亮粉漆GOLD RUSH（GS-04）塗料，於型版上以點塗的方式上色。

2【以插畫與手繪文字完成牆面裝飾】

使用Snow White（GFW-26）與亮粉漆GOLD RUSH（GS-04）兩款塗料，替牆面增添插畫與手繪文字裝飾。

3【使用木工夾固定木材製作窗框】

將木材嵌入窗框邊緣內側確定尺寸，準備製作窗框。使用木工夾將木材固定於作業臺上，以便後續輕鬆作業。

4【窗框塗上防護漆後進行裝設】

將窗框塗上Gel Wood Stain Walnut防護漆，沿著窗緣裝設完成。這次選擇將窗格形狀互異的窗框組裝在一起。組裝時可以從窗框側邊鎖進螺絲，固定木材。

這種牆面風格與窗邊風景，在很多辦公室或倉庫、住家都很常見。只需要粉刷牆面，再利用型版進行塗鴉或手繪文字裝飾，就能改造出一個令人眼睛一亮的絕妙空間。

抽風機換妝

1 【塗上金屬用底漆】
先將抽風機整體塗上一層金屬用底漆。

2 【抽風機外蓋上漆並進行仿舊加工】
以Honey Bee（GFW-04）塗刷整個抽風機外蓋，最後再以Antique Liquid塗料加工修飾，製造出仿舊感。

這種設計呈現出些許的突兀感，在辦公室或倉庫、住家也很常見。只要把一些設備的塑膠或金屬部分塗上底漆，再刷上喜愛的顏色，就可改造成心目中理想的風格。

金屬桶塗鴉

1 【以金屬用底漆打底】
先在金屬桶表面塗上一層金屬用底漆，待底漆徹底乾燥，再上一層自己喜愛的顏色。在此推薦Black Beetle（GFW-35）、Dark Abyss（GFW-20）、Bear Family（GFW-29）、Dolphin Dream（GFW-27）等色號。GFW系列的色號皆是霧面質感的塗料。

2 【自由發揮創意的仿舊加工】
待塗料完全乾燥之後，選擇自己喜愛的顏色，手繪插畫或文字，也可使用型版塗刷裝飾。

想要改造空間氛圍，金屬桶絕對是事半功倍的好配件。選色並不限於空間裡既有的顏色，也可選擇衝突的對比色，創造出強烈的視覺效果。金屬桶還兼具方便收納的功能，也很適合搭配綠色植栽。

1 【將金屬網架塗裝成鏽蝕風格】

配合燈飾尺寸,將百元商店購得的金屬網架兩側,利用桌角等物品輔助彎折成形,再使用海綿將金屬網架塗上金屬用底漆,底漆乾燥後以海綿沾取Black Beetle(GFW-35)整體上漆。選擇Caocao Bean(GFW-30),以海綿塗刷出自然的金屬鏽蝕效果。

2 【木框塗上防護漆並以黑色作出仿舊效果】

配合燈飾尺寸,以螺絲將木條固定作成木框燈罩。這次製作的是天花板雙燈管的木框燈罩。將木框塗上Gel Wood Stain防護漆,再以鐵槌輕敲製造破舊感,最後選擇Black Beetle(GFW-35),以海綿沾取擦拭上色,作出像是長期使用後的老舊風貌。

3 【將金屬網架裝設於木框內】

組裝木框與金屬網架時,在木框內側以鐵鎚釘入配線用的夾線釘(居家修繕賣場可購得)。在木框的一側裝上三個鉸鏈,另一側則裝上兩個金屬搭釦。為了裝設燈罩,必須事先在天花板上鑽孔。

4 【將燈罩裝設於天花板上】

燈罩要貼合天花板的那一側,以電動螺絲起子鑽出幾個直徑8mm的孔洞,再配以中空牆面專用的吊掛零件裝設於天花板上。燈罩蓋可隨意開闔,方便更換燈管。

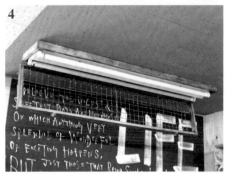

這種辦公室或倉庫常見的日光燈,我們選擇不隱藏起來,而是特別花功夫製作能夠更換燈管的木框燈罩。以百元商店購得的材料加上簡單的仿舊加工,即可完成充滿工業復古風的改造。

粉刷天花板

1 【防護很重要】
先取下會妨礙施作的物件。為了防止塗料溢流或飛濺,請將已改造完成的部分作好防護措施。

2 【粉刷天花板】
我們選擇Rolling Stone(GFW-28)來塗裝天花板。使用長桿滾筒刷,能迅速完成像天花板這種高處的粉刷作業。

高處或大面積的粉刷工作一點也不困難,可使用適合的工具依序施工。粉刷天花板能使整個空間的印象煥然一新,有機會一定要挑戰看看。

粉刷入口處

1 【確認視覺重點,以金屬用底漆打底】
使用毛刷將電動鐵捲門四周的框線與電箱刷上一層金屬用底漆。

2 【以紅棕色塗料&門口的插畫進行裝飾】
待鐵捲門與電箱的底漆徹底乾燥之後,再塗刷一層Bear Family(GFW-29)。接著選用白色塗料,在入口處的門板上手繪店內的小地圖,可善用文字、插畫及箭頭符號構圖。

選出想要塗刷之處,先塗上一層地板用底漆,再以地板用塗料上色。使用大張紙板作成型版,在地面上塗刷出文字,最後再手繪店名即完成。

みどりまつり

綠意慶典

2015年12月，TSURUJO首次舉辦活動，名為「綠意慶典」，同時也開辦了型版工作坊。
現場準備了各式原創型版，以及當前很受歡迎的苔蘚盆器，讓許多參與者享受自己動手作的樂趣。

WORKSHOP 苔蘚盆器塗鴉

活動盛況空前！工作坊現場每個人的臉上始終洋溢著笑容。我們準備了讓媽媽們可以慢慢學習操作的型版，也準備了小朋友能夠操作的款式。除了利用型版的塗鴉體驗，TSURUJO還與夥伴們聯手合作，開創了各式各樣的工作坊。

型版的使用祕訣

1 使用紙膠帶或黏貼後容易撕除的噴膠，將型版牢牢地固定在平面上。

2 第一次塗刷時不要沾取過多塗料，若不小心沾取太多，可以擦拭用布或衛生紙擦掉多餘塗料。

3 型版挖空要拓印圖形的部分，從正上方下筆，以輕點的方式重複塗上塗料。

chiko's home

混融老式美國風：chikoの五感共響CAFE HOME

五感に響くCAFE HOME

PART 2

ATELIER

右上：WAGON WORKS DIY LIGHT是一款讓消費者可隨喜好而塗裝組合的產品，是與社群網站 RoomClip 2015年大獎得主BeauBelle合作的商品。

右中：置物立架是將金屬管椅凳的坐墊拆除後，將金屬管漆上金屬用底漆與Melon Flavor（GFF-17），再以棕色與黑色壓克力顏料製造鏽蝕感的作品。置物籃部分以鐵絲固定於管狀立架上，並加上一個標籤牌。

右下：DIY作業其實伴隨著風險。以前曾經不加任何防護措施，赤手塗刷灰泥，結果造成雙手的表皮大片剝落，從此之後在塗裝作業時都會戴上手套。除了施工作業的專用手套，也很推薦使用便於手指活動的園藝手套。

大約是西元2000年，我才二十多歲，也剛結婚，正尋找婚後要居住的房子，
最終買下了這間通風良好屋齡十年的中古屋。
由於冬天嚴寒，我開始決定DIY改造地板與牆壁，不知不覺間，就連家具與雜貨物件都是自己製作的了。

將在WALPA網站購得的荷蘭製舊尺規圖案設計壁紙，貼於素雅的和式實木矮桌桌面上。四角部分以刮刀整平，邊緣的貼合處也都必須平整。

依照壁櫥上下層的尺寸，製作收納用的附門板活動櫃。下層的活動櫃ABCD還加裝了腳輪，方便拉出使用。常用的物品可收納於櫃內靠外面的位置。

在發表部落格文章時，對於潛在的讀者們，我總是有許多想像，就連照片也會以讀者容易理解的角度去拍攝。順道一提，這個房子內的家具幾乎全部都是我個人親手製作＆改造的。

DIY創作的工作室，是我專屬的「祕密基地」。

　　這間房子的地板下方原本並不是使用隔溫材料，一到冬季我便為冰冷的地板感到苦惱。兩、三年之後，我們才在地板下置入隔溫材料。我本身非常喜歡木頭，在這方面相當講究，特別鍾愛松木或杉木等質地柔軟的木材。在地板隔溫材料上方，我們請木工師傅鋪設了質地偏硬、木紋鮮明、削切時香味宜人的波爾多松木實木，並塗上一層植物性塗料。從此之後，我開始了居家DIY之路，不論是家中牆面塗裝灰泥，或更新整間浴室，都自己動手改造。工作室原本是一間和室，改裝後不僅方便工作，同時也兼顧我喜好的室內風格。這是我引以為傲的「祕密基地」，這裡的空間每一天仍在持續進化中。

只要讓懸掛植物自然垂下即可，非常簡單。

裁切杉木餘料，再施以自創的仿舊加工塗裝，由下往上貼至牆面。電源開關的位置則以電鑽鑽開一個大洞，再以線鋸挖空。最後在杉木上以螺絲固定MIDORI雜貨屋的水管格架。

LIVING-DINING

音樂、咖啡香氣、灑落的陽光,
以及空間中的創意家具。

　　由於很喜歡去咖啡館,所以希望將自家客廳兼餐廳的空間,
打造成咖啡館般的風格:有著流瀉的音樂、咖啡的香氣以及美味
的食物。木製家具手感舒服,陽光灑落室內,光看就令人愉悅
——這正是理想中的空間。沙發底下的收納箱改成四面不同的顏
色,可隨心情變換正面的顏色。將摺疊式迷你桌的桌腳拆下後,
裝設在從沙發底下拿出來的收納箱下方,輕易就打造出一面桌
子。將四色木板以木工白膠黏貼於比收納箱還大的合板上,並配
上外框作成桌子的頂板。很喜歡自然感的桌面,有漸層的灰階、
明亮的斜線排列,不使用時還可作為收納箱,相當方便。

兒子常一邊看著YouTube一邊練習吉他。我為
他在牆壁上安置了壁掛式掛鉤,可置放吉他。
沙發左邊有一架女兒原本在彈的鋼琴,但她現
在似乎在學校玩的是管樂。

再現咖啡館的氛圍，訴諸五感的細節。

客廳兼餐廳的空間變得像是自己喜愛的咖啡館之後，待在家中的感覺更舒服了。

改造並不是一次到位，而是持續將想法具體呈現，經過不斷修正後的成果。

加上一個綠色植栽，空間印象立刻變得清爽。

下左：時常替餐桌變換顏色。將原本的塗裝大致磨除後，塗上Gel Wood Walnut防護漆，再細磨修飾，接著塗上植物性塗料的透明漆即完成。

下右：上層擺放的是自製砧板，也可當作托盤使用。先在杉木上描繪出砧板的形狀，再以線鋸切割成形。最後以180號或240號的細砂紙打磨修飾，再上一層植物性塗料的透明漆即完成。

開著窗框很精緻的「休旅車」，往DIY之路勇往直前。

歡迎來到WAGON WORKS & CAFE。這個品牌的名字是參考自己非常喜愛的創作歌手的曲名，因為一直注意著室內設計的資訊，也曾於相關行業的公司工作過，加上很喜歡以舊時美國為背景的電影，或許便因此影響了自身的品味。

為了提升隔溫效果，我們特地請業者製作雙層窗。白色窗框是自製的，為了隱藏原本的塑膠窗框。先在木材底部鑽孔，以粗的杉木條組合成外框，細的杉木條中央以線鋸鋸出一條溝縫，再將兩者以木工白膠貼合，接著塗上白色塗料，進行仿舊加工，最後裝上鉸鏈、止檔、手把即完成。位於客廳的藍色摺疊門有窗框設計，那也是我的改造成果。

呈現樸實自然風的DIY改造，兼顧實用性與舒適感。

露臺原本是前方庭院的一部分，經過公公的幫忙，在這裡鋪設了木頭地板，也設置戶外格柵。在這裡進行塗裝工作時，會被附近的鄰居一眼看盡，而且雨天無法躲雨，所以又在南側設置了牆壁。立好牆面，並設置邊框，將邊框漆成白色，並將已先行塗裝的杉板安置在牆面上。有人送我玻璃窗，我裝上銅製的鉸鏈後就安裝到牆面上。

朋友送了一片老式門板，裝上鉸鏈固定後，就能作為東側的門扉。門把進行鏽蝕加工，並加裝印有logo的簡易鎖。為了凸顯重點，還以型版作一些文字裝飾。完成後，從外面看起來就像一間小屋，是我個人非常喜愛的一個空間。

原本只是前庭的一部分，鋪設木板後就變成工作空間。
以杉板打造牆面，並裝設老式門板、配置DIY的小作品，
創造出野趣十足的小屋，真是令人心滿意足。

從外看向露臺，彷彿是一間小屋的外觀，讓人感到相當滿意。庭院種了多種樹木與迷迭香，增添自然的氛圍。木製的指示板搭配改造後的椅子，營造出擺設重點。

人造植栽放在灑進自然光的窗邊，看起來就像真的植物。

除了露臺之外，以老裁縫機改造而成的桌子，以及其他物件全部都是DIY自製。這個空間通風良好，物品搬運時進出相當方便，室內難以施工的作業都能在此順利進行。

電動螺絲起子與電池旁邊放著智慧型手機用的喇叭形立架，以桐木箱製成，材料在百元商店就買得到。先以鑽孔機在桐木箱鑽出一個孔，再以線鋸切割挖空。箱頂放手機的底板是一塊合板，從頂端往下約3公分處傾斜安裝。箱子正面上漆，貼上標籤牌即完成。我從小就對美術工藝這方面很拿手。

ENTRANCE & STAIRS

牆面依照區域分別漆上不同顏色，玄關是土耳其藍，樓梯處是灰色，
再將角落的顏色作出層次，單調的空間一下就變得具有律動感。
搭配DIY作品或雜貨，創造出視覺亮點。

混合Snow White（GFW-26）與Black Beetle（GFW-35）兩色，塗刷松木企口板。在牆面貼上紙膠帶，可作出白色線條。側邊的牆面塗上Dolphin Dream（GFW-27），使原本已是波浪形花紋的壁紙變得更為生動。

玄關的外側不需等待杉板自然劣化，可直接將杉板加工成仿舊風格。木板上以型版刷出裝飾文字，再裝上掛鉤，掛上一盞燈作為展示。旁邊放置了不搶戲的標示牌，以及裝在苔蘚盆器裡的綠色植栽。

入口處＆樓梯煥然一新，變成個性十足的舒適空間。

玄關牆面刷上Turquoise Blues（GFW-19），再貼上杉板作為腰壁板。使用層板製作裝飾棚架，層板兩端下方以螺絲從內側固定三角托架。杉板上可裝上掛鉤吊掛物品。傘架是善用百元商店購得的木製收納箱製作而成，利用鐵槌將箱子底板敲除，以螺絲固定四面的木板，製作出兩個相同尺寸的框架，再以杉板

將兩個框架上下組裝在一起，最後裝上可移動的盛水盒方便倒水。樓梯的正面部分，先將企口板以型版技法塗裝成仿瓷磚風格，再貼合於牆面。粉刷樓梯側邊的牆壁，凸顯壁紙原有的波浪花紋。最後使用型版塗刷出裝飾文字，加上些許綠色植栽，一個酷帥的空間就誕生了。

mily's home

塗料狂milyの懷舊法式風

フレンチジャンクHOME

PART 3

LIVING ROOM

從手作的世界，進階到大型木作DIY。

十幾年前喜愛的客廳樣貌，會隨著時間、隨著個人喜好而改變。牆面、地板、窗框，全部都已整修過。目前的喜好又有點不同，已經打算要將牆面漆成簡單的純白色。

　　因為很嚮往國外的一些住宅風格，我們於2003年建造了自己的家。藉由一見鍾情的家具，慢慢打造出家的模樣，最後終於完成歐式客廳與餐廳，還曾經上過雜誌呢！

　　2009年，我開始以創作者的身分參與活動，那時喜歡上老件與手工物品。原本就非常愛花的我，將手作乾燥花變化應用於木作與裝飾物，並販售這些作品。之後又嘗試製作格架、標示牌，也挑戰了鐵製家具，拓展自己手作與工作坊的領域。從那時起，我就會替作品加工，製作出仿舊感，表現經年累月的時間感。

剛開始只是幫朋友的家或店面DIY製作小物品，到後來已經可以執行自家的整修工程。
我非常喜歡以白色為基底，配上單色調的點綴物打造客廳的視覺重點。

合歡盆栽。合歡是常綠植物，纖細的葉形帶來清爽感，很適合搭配白色牆面。

以白色為基底，黑與灰作為點綴重點。

　　之前受朋友請託，協助以木作改造居家或店面，那時我也同步漸漸投入於更全方位的DIY改造，然後一下子就大規模地翻修起自己的家。2014年將和室改為西式設計，2015年大幅改造客廳連接餐廳的空間。在客廳連接餐廳的改造上，我將窗框、天花板線板、踢腳板漆成白色，還製作了灰色窗框裝設於窗戶內側。牆面塗好底漆後，塗抹了珪藻土。我特別喜歡仿照巴黎店家常見的凸窗，在黑底上搭配白色文字作為裝飾。地板貼上配合暖氣使用的地磚，鐵製窗簾桿裝上朋友製作的亞麻布窗簾，一步一步完成了自己理想中的客廳。

MIDORI雜貨屋的木箱，非常耐用。加上蓋子就能作為玩具箱，再搭配一塊布料，就可坐在上面。牆面上裝飾著文字壁貼。

DINING KITCHEN

拓寬吧檯空間，貼上磁磚，改造流理臺門片&餐具架。

上方的收納櫃貼上黑板貼，並請gami幫忙手繪文字與插畫——熟悉的人，熟悉的字。

廚房的改造從寬度較窄的吧檯開始著手。在吧檯上加裝一片木板當桌面，往餐廳這一側突出7公分，並從內側以螺絲固定，木板貼上附背膠的白色馬賽克磁磚貼。吧檯的側邊安裝mall glass（條紋式的古董風格玻璃），讓廚房有些許遮蔽，不至於一覽無遺。餐具櫃的頂板同樣貼上白色磁磚，牆面則貼上仿磁磚壁紙。

流理臺門片在塗完金屬用底漆之後，以滾筒刷再上一層地板用塗料Diamond Dust（GFF-33）。待在廚房裡心情很舒暢，自己好像變身為巴黎咖啡館的店員！

廚房與餐廳的改造必須同時考量美觀與實用性。在DIY的居家空間中，綠色植栽絕對必備，
也可擺放手工藝品與乾燥花束。在這個既乾淨又充滿懷舊氛圍的空間裡，心情逐漸沉靜。

玻璃燒杯中放
入人造空氣鳳
梨，值得給一
個讚！

窗戶上方作出弧形，散發出時尚氛
圍。下方的櫃子也是自製的作品。

DIY＋手工藝品＋乾燥花束＋人造綠色
植栽＝古老又時髦的角落。

DIY收納櫃，以手工藝品與乾燥花點綴。

　　為了使餐廳的空間看起來清爽，我作了一整排縱
深較淺的收納櫃。櫃子上方的窗緣木，以多種不同的
上漆技法來表現枯寂感。牆面吊著漂流木，並加上乾
燥花束、蕾絲。請gami幫忙將電燈泡繪製成霧面黑底
＋白色文字，掛在牆面上作為裝飾。客廳到餐廳的門

側，吊掛著一盞歐洲煤氣燈風格的LED燈，燈上纏繞附
有鐵絲的人造綠色植栽。因為是電池式的LED燈，裝設
起來很簡單。牆面上的電燈開關與室內對講機也安裝
了裝飾用的外蓋，蓋上還設計了小鏡子呢！

GARDEN & ENTRANCE

磚造庭院水龍頭是庭院的門面，這個設計在房子興建時就已經存在。在水龍頭下方放置接水盆與馬口鐵澆水器，水龍頭上則掛著菝葜花圈裝飾。中央的大型植栽為朱蕉，前方植物為粉紅色的鵝河菊，旁邊搭配紫色與牛津藍色的宿根草（阿拉伯婆婆納），匍匐叢生的植物則是百里香與鐵線草等。

冷氣室外機是我家的標誌。外蓋的通風口作成小窗樣式，並裝上網子。

具有斑紋的常春藤與蔓長春花。容易種植的攀綠植物最適合作為地面植被。

木椅右邊的磚瓦間隙中，種植了有趣的紅葉多肉植物火祭，後方則放置了標示板。這些雜貨經過雨淋、劣化，變成很有味道的古董風小物。

悠閒的南法風格，打造充滿魅力的天然庭園。

從2009年開始，我便以打造一個天然庭院為目標，初次嘗試製作木梯與木椅，雖然塗裝的手法很隨性，但完成品的感覺很不錯。之後還製作了大型的盆栽插牌以及裝飾花盆，深深體會到能將理想具體成形的DIY魅力，因而熱衷至今。展示陳列的時候，背景相當重要，於是我在與鄰居家的分界處裝設了格柵作為壁板。很喜歡多肉植物的趣味植栽，我將它們移植到改造後的罐子裡。院子放置了大型手工作品與雜貨，綠色盆栽則任其自然生長，營造出自然氛圍。為了隱藏冷氣室外機，我製作了小屋風格的外蓋，小屋屋簷的部分塗上了灰泥，呈現獨特質感。

天然庭院中充滿著DIY改造的作品，以及各種手工藝品、雜貨、綠色植栽、多肉植物、花草。

我創造了一個角落，仔細布置空間，務求自然而和諧的視覺效果。

陳列各式庭園物品的祕訣就是要先從大型雜貨或植栽著手，再逐層配置較
小型的物件。右邊的粗枝是Peche Bonbons玫瑰，左邊的大樹是櫻桃樹。
即使是狹小的庭院，也能與小朋友一起在季節的變化中享受開花結果。

玄關的側邊放置帶點工業風氛圍的馬
口鐵架，同時也是收納櫃。這裡以人
造植栽為主角，裝飾了一些雜貨與乾
燥花。

加入玻璃瓶或馬
口鐵罐，可愛指
數滿點！

排排站的空瓶與廢棄罐裝飾了人造植物，看
上去就很可愛。

橄欖樹成為了這個角落的招牌，一旁
的牛奶罐被漆成了祖母綠並繪製了文
字。地磚塗上地板底漆後，上一層
Diamond Dust（GFF-33）地板用塗
料，再用Black Beetle（GFF-35）地
板用塗料以型版刷上文字。

STAIRS & ATELIER

善用參加「住宅改造選拔賽」獲得的獎品，我將和室改造成工作室，並再次獲得大獎。
樓梯也重新翻修，整個居家空間以法式老舊風貌重生。小朋友們也愛上這裡的每一個角落！

因為是人造植物，即使裝飾在高處也不需擔心澆水問題。

工作室充滿木材、塗料、工具，但因為增添了人造植栽與乾燥花束，整體散發出柔和氛圍。

將和室變為老舊法式風格的房間，牆面與天花板漆成白色，以鐵製工藝品再現巴黎住宅的窗邊景色。

運用「住宅改造選拔賽」獲得的獎品，將和室改造為西式工作室。

我開始著手室內大規模改造工程的契機，其實是因為參加了壁紙屋本舖與進口壁紙店WALPA舉辦的「住宅改造選拔賽」。

我將初賽贏得的獎品，包括地板材與塗料、織錦緞花紋與仿書架設計的進口壁紙，活用於自家和室的改造，使和室變身為老舊法式風格的房間，並在部落格寫文章介紹DIY的情形與過程，沒想到再次贏得大獎。

2016年我改造了一直顯得缺乏活力的樓梯空間。在自然棕的樓梯扶手與樓梯側面漆上一層金屬用底漆，乾燥後再塗上Moon Rabbit（GFW-32）。樓梯面板貼上與客廳相同的地磚，側面則以型版塗刷文字作為裝飾。

挑高天花板上有照明燈罩，燈罩外側塗上Black Beetle（GFW-35），內側塗上Moon Rabbit（GFW-32），然後貼上花紋貼紙。

牆面打造成白色磚造風格，壁龕部分利用細木棒作成格柵，並塗上Bear Family（GFW-29），壁龕就像安裝了鐵柵門一般。

gami's home

藝術家gamiの塗鴉風小屋

落書きHOME

PART **4**

LIVING ROOM

繪製插畫的祕訣就是不怕失敗，想什麼就畫什麼。因為不害怕，新的創意就會源源不絕，就算偶爾失誤也是一種幸運。不管是使用慣用手或非慣用手，或握住筆桿上方來描繪，這些方式都能完成很有味道的畫作。

地面上刷上地板用底漆後，使用Rolling Stone（GFF-28）地板用塗料再漆一次。在客廳地板的前端，以平刷繪製插畫，並寫出大大的標語文字「持續追求，夢想必然實現」。

我從小到大一直熱愛繪畫，
與先生、兒子一起居住的大樓住宅滿溢著我隨手繪製的插畫與文字。

綠色植栽錯落擺
放，充滿濃厚的
時尚感。

為了展現具有韻味的氛圍，大面
牆塗上硬質的灰泥，再隨手寫上
文字。電視櫃抽屜上的玻璃片經
過改造、上漆，再貼上標籤，標
示櫃內收納的物品。

最近喜歡製作的是以咖
啡館為印象主題的
「插畫雜貨」。P.38左
上的作品也是這一類型
的創作。

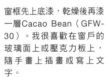

窗框先上底漆，乾燥後再漆
一層Cacao Bean（GFW-
30）。我很喜歡在窗戶的
玻璃面上或壓克力板上，
隨手畫上插畫或寫上文
字。

先以Dark Abyss（GFW-20）塗刷牆面，再以
亮粉漆GOLD RUSH（GS-04）繪寫文字，裝
飾角落空間。壁紙屋本鋪的木製百葉窗簾雖然
有點重，但質感高級且感覺清爽，令人非常滿
意。

從喜愛繪畫開始，邁向DIY與手作的世界。

從小我就覺得，與其寫日記，不如畫日記，這個
想法至今從未改變。

1996年結婚同時搬入現在居住的大樓，經過二十
年後的今天，家中幾乎每一處都被我DIY改造過，這個
家本身就像是我自己的作品。

因為在社群網站與同好們交流，開啟了我著手改

造居家環境的契機。受到chiko等許多同好們的刺激，
我決定動手微調已經看膩的自家空間，然後慢慢地愛
上並熱衷於DIY。七十歲的嬸嬸想販售自製的手編作
品，我在幫她找尋販售地點時認識了一些人們，也因
此讓我走入了手作世界。

DINING KITCHEN

以漂流木為材料,製成了盆栽插牌。大致裁切出木頭名牌後,逐一組裝即完成,屬於相當簡單的改造。提燈是在MIDORI雜貨屋買的,我在玻璃罩上寫了文字。

左:檔案櫃經過改造後,畫上臉的圖案。鼻子的部分正好是門片的把手。右:設計一個可放雜物的木箱,標示OTHER作為備用,整理收納時輕鬆許多。

廚房地板鋪上防撞地墊,牆面以滾筒刷重複漆上綠色塗料兩次。拆掉頭頂上方的窗戶,將收納櫃、流理臺門片、門片上的把手、入口處的牆面漆上黑板塗料。除了展現出咖啡館風格之外,還能自由塗鴉,轉換心情。

牆壁・地板・調味料收納盒・壁掛式收納架……全部DIY!

餐廳牆面裝飾著手寫文字,從「這是你的人生,作自己喜歡的事吧!」開始寫起,一直到「人生苦短,身懷熱情孕育自己的夢想吧!」結束,這是取自紐約的設計投資企業HOLSTEE公司的宣言。我使用類似拼圖的餘料,接合材料製成了白色的調味料收納盒,收納盒上還設計了配線用孔洞,可有效利用有限空間。因為希望能夠活化狹小的廚房空間,料理時可避免大動作而保持優雅,於是我花了一番功夫進行改造,現在大家都說我煮菜速度很快呢!

壁掛式收納架的材質是馬口鐵,先塗上Bear Family（GFW-29）,再以海綿塗上Turquoise Blues（GFW-19）,最後使用蜜蠟完成仿舊加工。

在廚房的入口牆面上安裝著木材邊角料合板,那是當初開始玩DIY時的創作。

雖然合板間有隙縫,卻是用心極深之處。

餐廳、廚房的牆面與地面都經過塗裝,縱深較淺的置物架上擺放了許多作品與小雜貨。

為了紀念餐桌重生,我在百元商店買了鋁板,在鋁板上打印出「SINCE 1996」的字樣,紀錄這張桌子來到我家的時間點。鋁板以剪刀裁切整齊後,噴上黑色消光保護漆,再以銼刀修飾。

Bus roll sign掛軸是mily的作品,她善於運用砂漿打造出可愛風格,深受矚目。當時我經由朋友的介紹而認識了她,現在我們兩人以Gamily為名,聯手製作作品,並開辦工作坊活動。

與家人的回憶&好友的作品,
都是我精神上的重要依託。

我改造了使用多年的心愛餐桌,打造成目前用餐的桌子樣貌。桌子原尺寸是1300mm×800mm,桌腳以砂紙機將原本的塗料去除,重複三次塗上霧面白色塗料,再以砂紙打磨。裁切長1500mm的美杉板(SPF板)作桌面,以木工白膠(多用於桌子或家具面板)和螺絲固定,螺絲孔以紙黏土封填,再以砂紙磨平。桌面塗上兩層水性保護漆之後,再重複塗上三層蜜蠟。桌面板的溝縫以木工用的補土填補完整。桌子側邊裝上掛鉤,方便掛上包包等物品。

前面的門板塗上Bear Family（GFW-29），再裝上mily手製的鏽蝕板，打造出仿舊風格。洗手間的門使用Turquoise Blues（GFW-19）與Dolphine Dream（GFW-27）兩色混合的塗料，再以Cacao Bean（GFW-30）刷出框線。

地板塗上地板用底漆後，再漆上一層Rolling Stone（GFF-28）地板塗料，讓地板的顏色與客廳一致。塗完地板用塗料，待乾燥後以濕布擦拭一次。門前的地板也精心布置，採用型版與手繪技法增添文字。

小巧的相框牆營造了美好的角落，幾乎都是利用百元商店的雜貨改造而成。左上是將四個鐵架組合起來，再塗上霧面黑色塗料與金色塗料，進行仿舊加工。不需一口氣作業完成，只要陸續塗裝即可，作法非常簡單。

入口‧走廊‧洗手間，視覺印象無限延展。

　　玄關的防撞地板以紅棕色壓克力顏料重複塗裝，一部分再以海綿疊上灰色顏料。鞋櫃頂面兩端先以雙面膠帶貼合一層木板，再一層一層疊放木製置物箱，上層的部分可當作抽屜使用，非常方便。我家都是利用改造過的木箱來收納手帕與面紙。麻質包包是嬸嬸的手編作品，我非常喜歡，自己又縫上了手繪標籤。深紅色門的側邊並排著鐵製花紋格柵，收斂了空間的整體印象。洗手間以酒吧風格為主題，漆上配色強烈的塗料作出層次感，再陳列一些創作者的作品，成為我很喜愛的一個空間。

我喜歡國外雜誌裡色彩豐富的室內設計，並以那樣的設計為範本，將所有門板進行塗裝改造。
走廊的牆面則呈現了工作室的風格。

牆面裝上一片美杉板（SPF板），板面以雕刻刀刻出文字，再塗上蜜蠟作為表現重點。在水龍頭附近裝上百元商店購得的鐵架，掛上毛巾隨時取用，就不怕弄濕地板了。

在洗手間等沒有對外窗的空間裡，可多加活用不需要陽光的人造植栽。

洗手間的門板內側塗上Bear Family（GFW-29），並配置Nego的手製鏽蝕板。角落的牆面隨意寫上想到的文字，加上線條或箭頭，方便構圖上取得視覺平衡，線條即使歪斜也不會太明顯。

全部的門把都使用金屬用底漆、Cacao Bean（GFW-30）、亮粉漆GOLD RUSH（GS-04）三款塗料塗刷，並在門板上隨意寫上文字。

GARDEN

視野良好的陽臺，與其作一個狹小的庭園，不如放置手作層架更有味道。漂流木、人造植栽、老紅磚在此都一
活了起來。我對漂流木有著特別深刻的感情，偶爾會去海邊尋找，家人也會幫我找。

和家人一起去海邊玩時，抵達目的地第一件要做
的事一定是找尋漂流木。我真的太愛漂流木了！
家人也會幫忙找，所以家裡堆滿了漂流木。

漂流木＋老紅磚＋綠色植栽
＝別具風格的陽臺。

　　陽臺的視野很好，能看見街道的大樓。我擺設了一個手作層
架作為視覺重點，以層架創造出小角落。牆面架設漂流木製成的
架子，漂流木的一端以螺絲固定，再加上人造植栽作為裝飾。

　　為了讓無花的陽臺呈現明亮輕鬆的感覺，我使用了許多雜貨
小物與老紅磚進行裝飾。方形、圓形的老紅磚是在雜貨屋選購
的，在磚面漆上塗料當作底色，再寫上喜歡的文字或畫上插畫。

　　我喜歡的組合是藍色＋紅色＋棕色，收斂色調或畫框線就使
用黑色。我也喜歡加入黃色作為重點色。

nego's home

充滿好奇心！Negoの休閒風百寶箱

カジュアル宝箱HOME

PART 5

KITCHEN

將流理臺的門片配合室內裝潢重新上色，改變整體印象。

國中時，班上同學都熱衷時尚流行的事物，那時我就已經開始閱讀與室內裝潢相關的雜誌了。

結婚後，雖然搬到老公老家所興建的這棟大樓，但那時很討厭這間房子。大約2003年，我開始動手改造自己的家。在光線難以進入的室內，特別是廚房裡單調的棕色流理臺門片，總給人灰暗的印象。於是我首先改造的就是流理臺的門片。

我選用柳安木合板作為底板，加上細木框，簡單漆成白色後就以釘子固定在門片上。後來為了配合室內裝潢，又更改了顏色，現在則是黑色底搭配白色型版文字，充滿了休閒感。作法真的非常簡單，本書P.76有詳細的介紹。

最初的DIY作品就是流理臺門片，是我改造自宅的開始。
以木頭樸素的質感為底，漆上黑色創造出反差即完成。
廚房既休閒又舒適，讓人深刻體會到收納的重要與魅力。

牆面漆上黑板塗料，以粉筆隨意塗鴉。下方看起來像木板拼接的牆面，但其實是通往洗手間的門，我在門板上貼了壁紙，壁紙是在壁紙屋本舖購買。

無門片的開放式壁櫃展現收納魅力，餐具都是自己喜歡的樣式。

　　因為我很喜歡廚房，就從這裡開始改造。一開始我時常把廚房弄得雜亂無章，索性就任由自己隨意使用這個空間，然後將容易散亂的部分仔細筆記起來，再慢慢微調餐具、鍋具的收納位置。

　　若是密閉式的壁櫃，擺放就比較容易變得雜亂，所以我將門片拆下，想讓整個櫃子展現開放式收納的魅力。接著，決定好器皿的擺放位置，將器皿像裝飾

品般定位安置，就變成現在所見的樣子了。

　　具有生活感的物品，包括容器與料理工具，我都很講究，收納它們的鐵製掛架也不馬虎，成為了一個點綴的重點。

　　只要把物品裝飾得略帶可愛感，廚房立刻就會轉變成令人喜愛的空間。

LIVING ROOM

這一棵是Ficus umbellata（愛心榕），以樹作為標誌，非常推薦讓它來開啟你的綠意生活。

漆上防護漆的窗框，兼具美感與實用。貼上紅磚壁紙，增添趣味。

想在窗邊裝飾一些擺設，但我不喜歡窗簾。窗外明明有一道牆壁分隔房子和停車場，卻還是遭小偷闖入了兩次……2011年，我在這裡裝設了刷上防護漆並作仿舊處理的木頭窗框。因為不喜歡周圍牆面的壁紙，就以白色木板進行牆面改造。將軌道燈裝設於天花板時，因為燈的重量太重而整個掉落，我被破碎玻璃割傷流血，最後使用柳安合板補強天花板才裝設完成。我喜歡燈，客廳裡就裝了四座燈，包括以梅森罐打洞作成的燈飾。2015年我在上方的牆面貼仿紅磚壁紙，提升了空間的休閒氛圍，對於這樣的改造我相當滿意。

窗邊放置吉他與綠色植栽，也裝飾了許多雜貨。愛貓名叫「二世」，我回家時只要喊一聲「打開」，牠就會跑去敲窗戶。

起初我非常討厭這個陰暗、古板又狹窄的家。

一開始倒沒想到可以讓這個家變可愛，只是輕鬆地練習著簡單的DIY，

試著遮掩不喜歡之處，加強美好的部分。如今，不只是客廳，整個家都已成為我的最愛。

鹿角蕨搭配自製的專用底座，散發出十足的陽剛味。

以前販售的手作掛飾。在木板上輕輕刷出文字，再以鍊子垂掛下來。

將兩個木箱橫向並排，上方加裝一塊面板就變成電視櫃。看起來不僅耐用，也有著展示的樂趣。

以白色木板牆面作為背景，大膽陳列綠色植栽與作品。

2008年，整個客廳的牆面被我改造成白色木板牆，在室內營造出自然的氛圍，多餘的木材則作成了箱子。孩子的房間拆掉隔間，那些多餘的木材也被拿來作成櫃子。孩子們現在一個是小學生，一個是國中生，另一個春天之後就要上高中，所以客廳也放置了讀書用的文具，以及督促他們努力課業的座右銘。自製的黑板漆上專用塗料，孩子們小時候會在上面寫值日生的名字，決定當天由誰負責整理家裡。

綠色植栽除了Ficus umbellata（愛心榕）、Ever fresh（合歡）、斑葉品種的常春藤之外，也經常擺設人造植栽。種植常春藤的盆器刷上塗料，進行簡單的改造。

ENTRANCE

當初購買的是成品屋，玄關與水泥圍牆都和鄰居相同。原本的建築設計有些怪異，
我毫不考慮便動手改造了入口的空間。小巧的前院也以雜貨與綠色植栽增添色彩。

以綠色植栽
迎接來賓。

改造玄關大門，變身為大卡車上層疊的貨櫃。

玄關大門的邊緣以型版刷上文字與數字，表現出大卡車上層疊貨櫃的意象。一到五月，大門左邊的木香花枝椏上滿是淡黃色的柔和花朵，以這樣的背景襯托，非常好看。木香花是常綠植物，即使冬天仍綠意盎然，而且花莖無刺，就算家中有小朋友也能放心種植。

將門牌放在較低的位置，將拼接木板裝設於水泥圍牆前面。其餘空間緊湊地擺設著木牌、水龍頭、改造空罐等雜貨物件，輕輕鬆鬆就完成裝飾。

如左頁右下圖所示，大門側邊放置了馬口鐵的指示板。側邊的牆面上則裝嵌著鏽蝕加工的金屬掛板，並擺放著綠色植栽。

STAIRS & PASSAGE

因為喜歡多種不同的風格，就將樓梯與走道打造成一個可以滿足夢想的空間。
孩子成長過程中不同階段的照片、童話世界的獨特大門、奇幻的雜貨與小物件，
回家後一進門，沿路都令人興奮不已。

將門板打造成木屋大門的風格，即使上洗手間也充滿樂趣。旁邊還裝飾了Farmer's Market的馬口鐵標示牌與木製掛鉤。

這個空間吊掛了客廳也有的手作掛飾，還搭配了配色高雅的蜂巢球，打造一個宛如童話故事般的空間。

普普風的豐富色彩，充滿回憶與幻想的樓梯與走道。

　　我喜歡各式各樣不同的品味風格，於是嘗試將樓梯與走道空間布置成普普風。

　　樓梯牆面掛滿從百元商店買來的相框，相框都經過自己動手改造塗裝，相框內放入了全家人的回憶。這裡是個性派女兒KOH與我非常喜愛的空間之一。洗手間的門板則是走那種「被人追債的人所居住的美式木造房」路線（笑），作法是將南洋櫸木的合板貼合於原本的洗手間門板上。樓梯側邊裝設了櫃子，並加裝藍色與粉紅色蓋子當作收納空間。我在這裡享受著各種風格的樂趣，這裡是我最愛的家。

Rie's home

DIY夫妻檔：Rieの西岸工業風

西海岸インダストリアルHOME

PART **6**

DINING

重鋪地板＆粉刷砂壁，開心入住屋齡四十年的4DK住宅。

　　我家是4DK（四房兩廳）的獨棟住宅，屋齡已經邁入第四十個年頭。我和老公YU，帶著八歲與五歲的兒子，一家四口在2010年搬進這裡。住家的周遭有大小河川的堤防，也有空地，因為可以遠眺群山，一見鍾情便買下了它。屋齡很老，得花很多預算請業者整修，一開始YU說：「對我們素人來說，翻修房子這種事根本不可能自己來做。」但是在看了許多人的部落格之後，我深受影響，終於還是決定自己來挑戰住宅翻修。遷入前的那段時間，老公YU與朋友們也一起幫忙，在大家的合作下，才順利完成地板鋪設與砂壁粉刷的翻修工程。

餐廳左側的收納壁櫥有滑動拉門，取下拉門後，再重新裝上海軍藍的門片，空間氣氛頓時煥然一新。新的門片以木材餘料拼接裝飾，並加上型版文字作為視覺重點。

我們是一對愛好DIY的夫婦檔。融合兩人喜愛的品味，完成了工業風格中帶有休閒感的西海岸風河畔住宅。
我們將原本「很昭和的獨棟住宅」，從牆壁到地板進行全面大翻修。

窗簾盒上垂掛人造植栽，略微下垂的線條相當迷人。

夫婦兩人一邊望著配管零件，一邊構思著下一個作品。在屋內光是這樣盯著零件，也能浮現出許多DIY的創意。

隨處混搭木質馬賽克磚與木條、水泥等異材質，營造出舒適的空間氣氛。美杉板塗上防護漆，打入膨脹螺絲，再以無頭螺栓（長螺栓）將圓柱木條吊掛起來，並裝飾人造植栽。

牆面裝設層架，使用配管當作窗簾桿，搭配燈飾以及型版加工的水泥牆，強化工業風格的空間設計。

異材質的混搭讓人欲罷不能，再度展開DIY翻修工程，打造「進化版的家」。

打掉位於和式餐廳與廚房之間的牆面，並取下和式拉門後我們就遷入居住。此後兩年之間，我們什麼都沒動，家具也未買齊，過著「三層收納箱」的生活。住了兩年之後，我們再度展開DIY翻修工程，將餐廳牆面加入隔溫材料，拼貼成木板牆後加以塗裝。接著開始製作家具，展開真正的DIY大翻修作業。最近還重新鋪設餐廳地板，並塗刷牆面。牆面塗上天然材質的COMFORT WALL For DIY室內用塗裝壁材（參見P.11），再裝設風格顯著的大型牆面收納。地板不想只是重鋪新的板材，我帶著玩樂的心情，將一部分的地板抽掉，倒入水泥，再添加型版文字和塗鴉，也嘗試以隨意潑灑塗料的方式作出有趣的視覺效果。

BEFORE

統一地板的高度，並破壞一部分的牆面，將上半部作出弧形，塗上灰泥——現在已經完全想不起來這個空間以前的樣子了（笑）。

洗臉臺周圍裝飾著綠色植栽，看起來非常清爽。

老公YU幫忙加工的鐵架，可掛上毛巾與浴巾。

窗框‧層架‧洗臉臺‧鏡子，這個空間讓我們無處不愛。

BEFORE

原本令人討厭又不方便使用的洗臉臺，現在已全然不同。

洗臉臺上方與右側的窗戶是鋁製窗框，以木製窗框隱藏鋁框後，再加裝層板作為置物架。牆面的部分是和大兒子一起動手貼的小磁磚。

原本的洗臉臺很老舊，所以購買新的洗臉盆與水龍頭更換。事先製作好木質底座，並鑽好孔洞，再將新的洗臉盆安裝上去，下方還裝設了收納用的層架。

在居家修繕中心買了玻璃切割器，鏡子裁切後嵌入木框內，並將木框塗上防護漆，自製的掛鏡就完成了。

我特別喜歡鏡子周圍的感覺。

洗臉臺與廚房原本陰暗、老舊且使用不便，令人特別厭惡。
裝設掩蔽鋁框的木框，將牆面刷成白色或貼上磁磚，並製作許多收納櫃，
打造出以木頭為主的空間，成為讓生活更開心的場所。

吊櫃上也掛了綠色
植栽。

遷入居住之前，廚房地板先鋪上除濕墊，再鋪設新地板。在這裡設置吧檯，即使待在廚房也能與孩子們交流。由於吧檯的面板已塗上木用防護漆，所以可直接以清水濕擦。

廚房放置調味料罐的收納架打造成窗框的模樣，以美杉板製作，大約花一個小時即製作完成。流理臺門片上的把手是買來的，在一個叫「枚方宿KURAWANKA五六市」手作用品市集的活動上購得。

製作收納架與吧檯，廚房成為方便料理且能與孩子聊天的空間。

廚房的改造首先是裝設吧檯，以及附有收納功能的窗框。接著再加裝吊櫃與吊櫃門片，並將流理臺的門片以木板並排修飾，從內側將木板固定在門片上，打造木質感的門片。抽風機當初是以木頭百葉窗隱藏起來，現在則是金屬壁板外蓋，上面綴飾著英文字母。窗框設計的收納架右側牆面上，以木板並排修飾，木板都漆上塗料與壓克力顏料，進行仿舊加工。餐具架以及隱藏冰箱（圖左）的白色老式法國風木板牆，也都是DIY的作品。

我家的廚房被雜誌報導過幾次，我個人非常喜歡放置在吧檯前的高腳凳。

BEFORE

原本的廚房不僅收納空間少，料理的空間也十分狹窄，而且還沒有瀝水架，實在是令人極度討厭的空間。我後來就將藍色流理臺門片拆下進行改造。

LIVING ROOM

客廳改造後，可作為孩子們學習與玩樂的空間。

在這裡我們充分活用工業風格的配管與鐵製零件，以及自然風格的木材與木箱。

層板托架纏繞著線條優美的人造植栽。

很喜歡以無頭螺栓（長螺栓）固定而成的層板托架。無頭螺栓在家中很多場所都能派上用場。

附有枝椏的人造植栽，散發陽剛氣息。

配管零件的線條獨特，帶有粗獷氛圍。

電視櫃出自老公YU之手。焊接鐵桿之後，以噴漆塗裝成黑色，再裝上木材。這個電視櫃是YU的鐵製家具處女作。從這個作品之後，家中陸續增添了不少鐵與木材等異材質混搭的作品。

將壁櫥變成「祕密基地」，利用木箱與配管作成書桌。

打掉原本的客廳牆面裝潢，裝設雙向式層櫃連接至餐廳，可供兩邊各自使用一半的空間。客廳這一側收納玩具並加裝門片，變成孩子能進出玩樂的「祕密基地」。牆壁部分，以塗料與石灰1：1比例混合，放置一晚成乳霜狀後塗刷成灰泥風格牆面。隨機挑選長形木板，固定在牆面角落等空間作為點綴。以木箱、配管、鷹架踏板製作桌子，風格相當強烈。還設計了「打開後記得關上」之類的型版文字，叮嚀孩子們遵守生活守則。矮桌也是以鷹架踏板製成，並以無頭螺栓固定。木製層板托架與黑板也都是DIY的作品。

BEFORE

這個客廳牆面也置入了隔溫材料襯底，並在鋁窗上加裝木製窗框。

ENTRANCE & GARDEN

一踏進玄關,首先映入眼簾的是最愛的黃麻布。玄關側牆作成白色木板牆面,並設置陳列櫃。
小巧的庭院也是一點一滴DIY打造起來的,最近還請RIKA幫忙設計,重新整理。

攀繞於門柱的初雪葛洋
溢自然氣息。

橄欖樹是我家的標誌,搭配適當修剪的
漂亮鈕釦藤,還有令人陶醉的木香花與
迷你玫瑰。最近請RIKA幫忙重新設
計,我們一起動手擺設改造後的空罐與
碟子,創造視覺重點。

為了隱藏老式的
「昭和感」磁
磚,我們先以電
動螺絲起子於牆
面上鑽孔,並埋
入膨脹螺絲,再
裝上已塗刷木頭
保護塗料的杉
板。在杉板牆上
設置陳列展示用
的層架,同樣也
塗上保護塗料。

黃麻布映入眼簾,玄關牆面上裝設著展示用的層架。

改造玄關收納櫃的門片時,我使用個人非常喜歡
的黃麻布來進行裝飾。玄關走廊的牆面也改成木板
牆,並與大兒子聯手粉刷。

由外往內可看到拉門,原本只有兩扇門板,因為
想擴大門口,於是改成三片。由於擔心孩子受傷,我
將窗戶改成壓克力窗,並加裝圓形鐵桿。

玄關的門前地板鋪設了破裂紅磚,縫隙處填入白

水泥。玄關的側牆也改成木板牆面。

庭園角落裡置放著可嵌入玻璃的木質框架,上面有打
釘的痕跡與裂縫,我以白色塗料將框架刷成法式老舊風
格。拆下室外原本的格柵,安裝新的園藝柵欄,再將木板
高低錯落地固定於柵欄背面,打造出一片木板牆。

門柱則是以枕木製作而成。在門柱上鑽孔之後,
即可裝設直立式水龍頭。

Rika's home

園藝家RIKAの綠意之家

GREEN いっぱい HOME

PART 7

牆壁上掛著金屬花籃，籃中種著旱金蓮（金蓮花），由於黃色的花朵可食用，所以花市詢問度很高。左邊的盆器中種植多肉植物「黑法師」，中央莖葉垂墜的是斑葉常春藤，右邊是玫瑰「夏雪」。

橄欖樹適合栽植於庭院或露臺花園，甚至可置於室內美化環境，是居家布置非常具有指標性的熱門植物。銀色的葉子顯得非常時尚。

露臺花園洋溢著「綠色幸福感」。

　　會開始接觸園藝，起因於公公的一句話：「試著打造一個花園吧！」開始著手打理之後，我才體會到蒔花弄草的幸福，被花草世界深深吸引。

　　但在大樓的露臺上想要打造出天然花園的感覺並不簡單，失敗了很多次。地板的部分，為了促進排水，我先鋪設了塑膠棧板，再鋪上熱處理木材。牆面則是以固定格柵用的零件，將漆成白色的杉板固定在牆面上。地板與牆面改造完成後，彷彿搭設了一個舞臺，綠色植栽與雜貨看起來更加可愛了，實在很不可思議。由於牆面改成木板牆，不但可擺放具有懸垂性的玫瑰，也可打入螺絲，掛上盆栽或器皿作為裝飾，充分享受陳列展示的樂趣。

在露臺花園融入世界各地的元素，除了以綠色植栽美化，還加上箱子與各式雜貨。
雖然對植物而言，這裡的日照與通風條件不夠理想，但我非常享受打造花園的樂趣。

熱帶朱蕉已經種了很多年，搭配新的苗種進行組盆，作出法式老舊風的盆栽。在盆中放上自己很喜歡的小公雞擺飾，將盆栽擺在心愛的兒童椅上，畫面意外地和諧，真是讓人開心。

形態各異的多肉植物擺成一籃，感覺太可愛了！

手工製作的金屬花籃（參見P.72）中排滿迷你多肉植物。只要將迷你多肉植物連盆直接放到花籃裡，就完成了散發可愛氛圍的多肉花籃。多肉植物喜愛光照，不耐高溫潮濕。

洗手臺側邊的配水管加裝了金屬網，以鐵線固定金屬網之後，再纏上素馨葉白英。由於是常綠性攀緣植物，冬季時水管也不會明顯外露。洗水臺下方擺設了木頭車輪稍作遮掩，視覺上相當自然。

搭配木箱＆各式雜貨，展示出植栽的美好。

庭園是我費盡心力打造的空間。打造庭園要慢慢來，可先試著從一個角落開始，在擺設的過程中會逐漸熟悉作法。嘗試擺放一棵具標誌性的樹木，並準備木箱以及車輪、梯子等物品，配置出具高低層次的展示臺。可搭配植物與雜貨，包括帶有簽名文字的碟盤、鄉村風物件等，試著利用各種不同材質與顏色、尺寸的盆器來裝飾庭園。

一般人想到園藝，就有「培育許多植物」的印象，不過，即使植物不多，只要作出高低層次，再搭配合適的雜貨小物，就可創造出令人樂在其中的美麗庭園。

由左而右，矮櫃上的植物分別是：山蘇、香蕉虎尾蘭、酪梨、沙漠玫瑰、景天科多肉、蘇鐵大戟、椒草，花瓶裡的紅果實是南天竹的果實，繼續往右是紫萁、咖啡樹，DIY黃色罐子裡的是棒葉虎尾蘭，DIY紅色罐子裡的是絲葦，從盒子中探頭露臉的也是多肉，搖搖晃晃又一顆一顆，很可愛。後面是藍星水龍骨，最右邊的圓筒罐種著矮傘樹，上方垂吊花器裡的則是斑葉垂椒草。壁掛箱內左起依序放置：椒草、「古董白」的啤酒花、「驕傲的多肉」。壁掛箱左邊垂掛著的是空氣鳳梨，好像在閒晃一般，右邊則是具蓬鬆感的喇叭形葉片植物。

專家之手＋簡單DIY＋混搭植栽・乾燥植物・人造植物・雜貨。

　　剛開始接觸園藝，並經過一小段時間打造出滿意的庭園後，我曾經因為室內外的世界差異太大，而產生一種不協調感。為了營造出「協調、舒適的生活空間」，我開始嘗試在室內也擺設植物。植物必須能適合老舊風格的空間，同時也善用老物件來布置氣氛。

我委託專家改造、製作矮櫃與相鄰的木頭層板收納架，在書本與文件之間，擺放了雜貨或綠色植栽，同時考量視覺動線混搭植栽與乾燥植物、人造植物、雜貨。懷抱著快樂的心情，認真地綠化室內空間。

布置室內陳設時，我也很重視創造出高低層次。即便在高處，也想擺放植物與雜貨，
所以裝設了吊掛盆栽用的掛鉤，再於牆面上打入螺絲，掛上網底木箱。

利用掛架，替上方的
空間增添綠意。

DINING KITCHEN

簡單手作＋綠色植栽，廚房兼餐廳的空間就能煥然一新。

　　廚房兼餐廳的空間作了簡單的DIY改造，包括貼上壁紙與木板，油漆並塗刷灰泥。這裡也擺設了一些綠色植栽，整個空間的感覺就像城市咖啡館般洗練。事先買了一些木質踏板，踏板貼上專用雙面膠後，牢牢固定在牆面上。我非常喜歡仿磚壁紙的花色與質感，所以改造時也買來使用。冷氣機的部分先塗上地板用塗料，再上一層米白色，作出復古風格。配管的部分塗上灰泥，接著如右上的圖片所示，將捲繞的長枝條攀繞在配管上，整體感覺非常和諧，令我開心不已。我一直很喜愛吊掛式花盆，箱子上放著人造多肉植物合植盆栽，也同時放著小小告示牌與鐵製自行車模型，所有的一切創造了美好的小角落。

自行改造廚房兼餐廳的靈感，來自於布魯克林咖啡館的酷帥氣氛。

木質踏板、仿磚壁紙、黑板塗料，打造了以棕與黑為基調的深沉色澤，這樣的空間非常適合綠色植栽。

UMA~KU NURERU灰泥真的很好塗抹，硬度恰到好處，除了使用抹刀，也可戴上橡膠手套徒手塗抹。雖然有很多顏色可選擇，最後我還是選定白色。

我使用的捲繞長枝條是人造植物，莖枝中包著鐵絲，很方便進行捲繞、布置。

吊掛式花盆裡種著霍斯海德蔓綠絨，適合擺放在明亮通風的室內。

JAPANESE-STYLE ROOM

保留和室空間原有的舒適感,重新鋪設地板與絨毯,加入木質物件與綠色植栽、雜貨,
再以矮沙發搭配木箱製成的桌子,一個適合閱讀&享受咖啡時光的悠閒空間就此誕生。

Smith & Hawken系列中Linda Joan Smith所著的*The Potting Shed*,是一本介紹各種庭院景色的外文書。我憧憬書中的世界,這本書啟發了我的庭園打造之路。和室右方內側放著蔓綠絨,木箱製成的桌上放著藍星水龍骨。作為靠牆的層櫃也是木箱改造而成,上層放著Ficus umbellata(愛心榕),下層右邊則是絲葦。

擺設綠色植栽與雜貨,放上國旗與彩帶掛
飾,這是一個歡樂愉悅的空間。

簡約的家,一個暖心的空間。
木質物件&綠色植栽活化了室內氛圍。

　我們替和室更換新的榻榻米時,在放電視櫃與沙發之處改鋪木質地板,也鋪上了一張絨毯美化空間。鴨居(和室拉門的上軌道)與天花板框等木頭部分,塗上Watco Oil的胡桃色號,呈現沉穩的氛圍。木箱加裝滑輪,可隨心所欲地移動,需要時也可當作桌子。

　我將木箱的箱口向下排放整齊,成為電視櫃的底座,視覺上有收斂效果。底座上放置箱口朝外的木箱,打造了完美櫃體。右邊的收納櫃請專業師傅製作,上方裝飾了許多雜貨與綠色植栽。在我家,觸目所及都有綠意盎然的角落,而這也正是我想要呈現的空間印象。

HOWTO DIY

W：Width　寬（橫向）
L ：Length　長
D ：Depth　深
H ：Height　高（縱向）
t ：thickness　厚度

PART 8

Rie's 黃麻布展示箱

黃麻布是一種帶有南國悠閒舒適感的材質，散發陽光般的活力。

黃麻布很好應用，也不難處理，又很能創造個性，非常推薦應用於陳列展示，或簡約地搭配木箱。

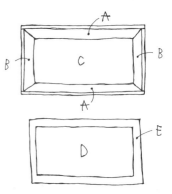

MATERIALS & TOOLS

☐ 板A（美杉板：W40mm×L350mm×t16mm）2片
☐ 板B（美杉板：W40mm×L160mm×t16mm）2片
☐ 板C（柳安木合板：W350mm×L190mm×t4mm）1片
☐ 板D（柳安木合板：W265mm×L160mm×t4mm）1片
☐ 塗料：水性防護漆（淺橡木色）
☐ 塗料：Black Beetle（GFW-35）
☐ 塗料：紅色（在此使用家飾彩繪用的水性壓克力顏料）
☐ 文字型版
☐ 黃麻布E（這裡選用有色款：W300mm×200mm）1塊
☐ 細頭型螺絲（35mm）8個

☐ 型版用毛刷（一般毛刷亦可）
☐ 木工白膠（木工用黏著劑）
☐ 氣動式電動螺絲起子（起子頭2號）

1

在板A的兩端各鑽兩個孔，兩片共需鑽出八個孔洞。如果很在意細節，可先以砂紙打磨整塊木板，並作倒角處理（將直角磨成圓弧）備用。

2

將板C以木工白膠分別貼合兩片板A與兩片板B。

3

從板A兩邊已鑽好的孔洞鎖入螺絲。為了更容易操作，未拿螺絲起子的那一手要緊壓木板，以拇指將底部合板也一起壓住。

4

以毛刷沾取水性防護漆，塗刷已組裝完成的木箱整體，內側也要塗。

5

板D前面塗上木工白膠，再將黃麻布對準板D中央，黏貼於板D上。

6

將板D翻面，黃麻布的四邊同樣塗上木工白膠，摺起多餘的黃麻布，黏貼在板D上。

7

待木箱的防護漆乾燥之後，在板C上方塗上木工白膠，再將板D貼進去。只要從上方輕輕施加力道，就能將板D確實嵌入。

8

將型版覆蓋在黃麻布上，再以黑色和紅色塗料塗刷出文字。型版必須服貼在黃麻布上，然後從上方以輕點的方式下筆，將挖空處填滿顏色。塗料乾燥後即完成。

以黃麻布製造出輕鬆的舒適感

除了可直接以黃麻布裝飾空間或庭園之外，
也能以型版加工後，活用於玄關收納櫃的門片等處。

chiko's 木製咖啡托盤

木頭材質＋薄荷綠＋印章裝飾文字，這樣的咖啡托盤令人著迷。

不僅要喝好咖啡，各式咖啡周邊用品也要精心DIY製作。就算是鐵製握把，也要顧及圓潤的握感。

MATERIALS & TOOLS

□ 長板材（杉板：W380mm×H35mm×t14mm）2片
□ 短板材（杉板：W208mm×H35mm×t14mm）2片
□ 大型板材（杉板：W330mm×D180mm×t14mm）1片
□ 塗料：Melon Flavor（GFW-17）
□ 塗料：Old Village wood polishing oil（木製餐具用）
□ 印章
□ 印墨
□ 印台
□ 細頭型螺絲（27mm）14個

□ 氣動式電動螺絲起子（起子頭1號，鑽頭2.5mm）
□ 海綿
□ 砂紙
□ 以砂紙打磨時的木頭底座

1 大型板材的上方邊緣與長板材接合。長板材左右兩端凸出部分須等長。

2 大型板材下方邊緣也接合長板材。在上下長板材的左右、中央共三處鑽孔，兩片長板材共打出六個孔。打孔處避免太靠近板材邊緣，以免導致木板裂開。鑽好的孔鎖進螺絲，先鎖左右，再鎖中央。

3 以海綿沾取Melon Flavor（GFW-17），塗刷於一片短板材的表面。可將塗料倒在料理用的杯子裡，方便作業。

4 墊上一塊預先準備的木質作業板，將兩片短板材的四角都鑽好孔洞。

5 在步驟2組好的板材上，以螺絲固定步驟4的短板材。操作時，未拿螺絲起子的手壓住底座，比較容易將螺絲鎖入鑽好的孔洞中。

6 砂紙黏於木頭底座，打磨接合好的托盤。倒角處理能使托盤呈現圓潤柔和的印象，可隨喜好增減修飾。預備蓋上印章之處請特別加強打磨。

7 印台中加入喜愛的印墨顏色。這裡選用的是黑色。

8 若是新印章，先將印面以濕布擦拭一下，幫助印出漂亮的紋路。印章輕輕拍打沾有印墨的印台，確認均勻沾上印墨後，再蓋印於托盤。

9 整個托盤塗上Old Village wood polishing oil（木製餐具用）。這種防護油即使不小心誤食也沒關係，屬於無色無味的安全礦物油。塗完後，木頭變得有光澤且顏色加深，乾燥之後即完成。

變化握把的材質

托盤的握把改為鐵桿之後，會給人一種硬派風格的印象。若要改裝鐵製握把，在板材上打洞之前，可先以紙膠帶貼在鑽頭上，標記要鑽入的深度。若握把嵌進去深度不足，可再將孔洞加深。

RIKA's 迷你鋁線置物籃

鋁線手工藝的材料很容易取得，準備好材料就開始創作吧！

只要把握重點，就能將綠色植栽與小物件排列出可愛的感覺。

三格置物籃的成品尺寸：W150mm×D50mm×H35mm。

MATERIALS & TOOLS

☐ 盆栽用鋁線（直徑2.0mm）長度1460mm
☐ 綁鋼筋用鐵線：長度760mm
☐ 塗料：Black Beetle（GFW-35）
☐ 塗料：Cacao Bean（GFW-30）
☐ 作品紙型

☐ 尺
☐ 油性麥克筆
☐ 尖嘴鉗
☐ 水彩筆

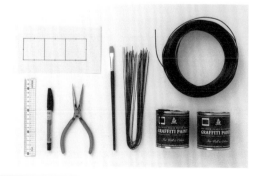

1
以尖嘴鉗將鋁線剪成長450mm×2條、長70mm×8條。接著像操作擀麵棍似地,將這些鋁線來回滾動,使鋁線挺直。剪斷鋁線時為了避免受傷,尖嘴鉗的鉗齒請向內。

2
綁鋼筋用鐵線一樣以尖嘴鉗剪成長200mm×1條、長80mm×7條。長80mm的鐵線先剪出一條,其餘再依照其長度剪斷,可縮短作業時間。

3
尖嘴鉗的尖端順著450mm的鋁線,彎曲鋁線前端,作出傘柄般的彎度。再沿著作品紙型折出角度,作成兩個長方形框。操作時以拇指壓住折點,較容易作出漂亮的90度角。

4
在作品紙型上確認框架大小後,將多餘的鋁線剪掉。鋁線尾端也折成傘柄一般的彎度,將頭尾兩端扣合,再以尖嘴鉗壓緊固定。

5
200mm的綁鋼筋用鐵線也同樣以尖嘴鉗將前端折成傘柄狀。取步驟4的一個長方形框,在50mm邊長上取出中心點,以尖嘴鉗捲繞鐵線數圈,進行接合、固定。另一側也以相同方式固定,多餘的部分以尖嘴鉗剪掉。捲繞接合時,要注意不可過於用力,以免長方形框變形。

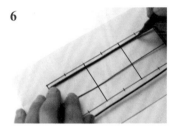

6
步驟5的鋁線長方形框放在作品紙型上,預計要接合鐵線之處以油性麥克筆作記號。組合完成之後會再塗裝,不必擔心鋁線上留下的筆痕。

7
取5條80mm綁鋼筋用鐵線,鐵線前端以尖嘴鉗折成傘柄狀,再依照步驟6作記號的位置,分別接合在鋁線長方形框上。

8
70mm的鋁線全部以尖嘴鉗將前端折成傘柄狀,並分別勾於長方形框的四角以及長邊上,長邊勾著70mm鋁線的兩個接合點,恰好將長邊分成三等分。將勾好的70mm鋁線垂直立起,以鉗子壓緊接合點使其固定。操作時將70mm鋁線往上輕輕提拉,會比較容易固定。

9
步驟8的70mm鋁線以尺由下往上量,在35mm的高度以尖嘴鉗將線往內彎折。8條線彎折的位置若不一樣,無法作出漂亮的作品,所以即使麻煩也務必確定好折點的高度。

10
將另一個長方形框接合於步驟9的上方,確實固定。不要急著一次捲繞完成,一邊捲繞一邊以尖嘴鉗慢慢壓緊鋁線,較容易固定。置物籃的高度很容易在接合零件時失準,切記要一邊確認高度為35mm,一邊進行作業。將多餘的鋁線剪掉。

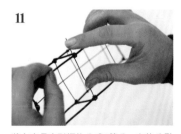

11
將上方長方形框均分成3等分,在均分點上接合2條80mm綁鋼筋用鐵線,鐵線橫向在鋁框上捲繞固定。

12
為了消除金屬線上因尖嘴鉗造成的損傷與鋁線獨特的反光,使用Black Beetle(GFW-35)與Cacao Bean(GFW-30)塗料,先混合調出自己喜好的色調,再以水彩筆將置物籃整體上色。細微處也都要仔細塗上,待乾燥即完成。

gami's 木製萬年月曆

以木頭製成的月曆，每年可重複使用。在紙黏土製成的小圓塊上，正反面分別以黑色和紅色寫上日期數字。
這樣的作品不論是誰都會喜愛，很推薦親子一起動手作。

MATERIALS & TOOLS

- □ 以下物件以木工白膠貼合（板C貼於板材A頂端下方20mm處，板D貼於板C下方40mm處，板E則是貼於板D下方5mm處）
  板材A（針葉樹合板：W300mm×H450mm×t9mm）1片、板材B（針葉樹合板：W300mm×D60mm×t9mm）1片
  板材C（針葉樹合板：W180mm×H50mm×t9mm）1片、板材D（針葉樹合板：W180mm×D30mm×t9mm）1片
  板材E（柳安木合板：W35mm×H15mm×t4mm）7片
- □ 角材F（美杉板：19mm×19mm×L110mm）3塊
- □ 寫上31日數字的紙黏土圓塊（直徑25mm：將迴紋針埋插於紙黏土圓塊的頂端）
- □ 塗料：Black Beetle（GFW-35）
- □ 塗料：Moon Rabbit（GFW-32）
- □ 塗料：Bear Family（GFW-29）
- □ 塗料：Old Village Antique Liquid Brown（#1232）
- □ 螺絲（30mm）2個
- □ 鐵釘（25mm）42根
- □ 迴紋針（小）31個

- □ 木工白膠
- □ 捲尺
- □ 舊布料
- □ 砂紙
- □ 氣動式電動螺絲起子（起子頭1號，鑽頭2.5mm）
- □ 線鋸機
- □ 水彩筆或型版筆刷
- □ 毛刷
- □ 鐵槌

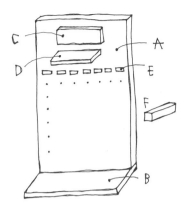

C A
D E
F
B

1

板材A的上方兩側尖角以線鋸機修成圓角。線鋸機是帶有細刀刃的裁切工具，可裁切出曲線。圓角弧度半徑大一點會呈現出較為柔和的感覺。

2

以砂紙打磨步驟1的裁斷面。想要粗獷感就稍微打磨幾次即可，想要滑順感則請細細打磨修飾。為了方便打磨，可事先將砂紙黏貼於木塊上再使用。

3

雖然已使用木工白膠黏合板材，但為了強化板B的穩定性，從板B底面左右兩處鎖入螺絲。作業時未拿工具的那一手請緊緊地按壓著上方。

4

在整個板面上選擇幾處塗上Antique Liquid作出仿舊感，特別是四角或邊緣。試著想像哪些部位較容易碰撞到，這些部位集中進行仿舊處理，完成品會比較真實。

5

待Antique Liquid乾燥，表面再以毛刷塗上Moon Rabbit（GFW-32）塗料。幾處塗出不均勻的感覺，強調木紋與Antique Liquid的色澤，打造自然感。

6

待Moon Rabbit（GFW-32）塗料乾燥，再以砂紙打磨整塊底板，使一部分白色塗料掉色。特別是四角與邊緣，這些容易碰撞的部位集中打磨，強化老舊感。

7

細微處也不要忘記，同樣以砂紙修飾。各部件的木板邊緣與周圍要細心地打磨，讓白漆掉色，表現出老舊印象。

8

以Black Beetle（GFW-35）在板材E寫出〔Calender〕〔mon〕〔tue〕〔wed〕〔thu〕〔fri〕〔sat〕等字樣，以Bear Family（GFW-29）寫出〔sun〕。文字粗細沒有規定，線條試著呈現出粗細的層次感，提升整體的視覺平衡感。

9

三塊角材F的四個長形面分別寫上〔January〕〔February〕〔March〕〔April〕〔May〕〔June〕〔July〕〔August〕〔September〕〔October〕〔November〕〔December〕。〔January〕也可簡寫成〔Jan〕。

10

以槌子在板材A上釘上42根鐵釘，縱向7行、橫向6列，依序打釘。打釘之前，可先排放紙黏土小圓塊，大致抓出位置後，將釘子穿過紙黏土的迴紋針孔釘入板材A。不必精準測量定位，放輕鬆，允許一些變化。使用時，配合當月日期，把月分方塊與紙黏土小圓塊搭配置放即可。

Nego's 流理臺門片改造

只要改造流理臺門片，整個廚房的氛圍就會隨之改變。即使是大範圍的工程改造，因為只需要準備柳安木合板，塗裝後貼合即完成，一點也不難。這個方法也可應用於入口處或房間的門板上。

MATERIALS & TOOLS

☐ 板材（裁切好的柳安木合板：配合流理臺門片的尺寸。
　示範選用W445mm×L670mm×t40mm）1片
☐ 長角材（檜木：配合喜好的尺寸。示範選用9mm×9mm×L540mm）2根
☐ 短角材（檜木：配合喜好的尺寸。示範選用9mm×9mm×L367mm）2根
☐ 塗料：Moon Rabbit（GFW-32）
☐ 塗料：Black Beetle（GFW-35）
☐ 塗料：Old Village Antique Liquid Brown（#1232）
☐ 小屋女子塗鴉風型版「巴士告示牌」（KJ-13）
☐ 水彩筆
☐ 毛刷
☐ 木工白膠

1 板材上空出預計安裝門把的空間，長、短角材皆塗上木工白膠，貼合於板材表面作成框架。本示範以兩個短角材包夾兩個長角材。可先試著排列位置，再正式黏貼，或以鉛筆畫出預定固定的位置。黏合時，要以手指緊壓角材。

2 毛刷沾取Black Beetle（GFW-35）塗料，從板材側面較薄的部分開始塗刷。為了不弄髒雙手且縮短作業時間，建議從側面塗起，如果這部分忘記塗色，完工後會很明顯。

3 正面全部塗上Black Beetle（GFW-35），這款塗料具有極佳的延展性，很容易上手，大致塗上顏色即可，不必塗得太厚。小型的板材因為重量輕，可單手拿，先決定好手拿的位置，手拿處最後再塗上顏色。

框架的細微處也要仔細塗刷。

客廳門板
也以相同方式改造

若能掌握這個技法，即使是大範圍的入口門板與房間門板也可以簡單改造。照片是連接客廳與走廊的門，掛包包這一面是客廳。門的兩面有著完全迥異的設計，令人心情愉悅。

5 待黑色塗料乾燥，以紙膠帶將型版輕輕固定在板材上。水彩筆沾取Moon Rabbit（GFW-32）塗料，若沾取太多，可以毛巾、報紙、雜誌內頁紙等拭去。壓住型版使其服貼板材，這是塗刷型版的重點。從上方下筆，輕輕點塗於型版挖空處，待乾。

6 以海綿較粗的那面沾取Antique Liquid，針對型版拓出的圖案進行仿舊加工，從圖案上方下手，作出髒污與陳舊感。海綿沾了塗料的部分可撕成小塊，使用上會比較方便。以乾布視需要擦拭板材，調整仿舊效果，或使用海綿的柔軟面，一邊檢視整體的平衡感，一邊進行修飾。待乾燥，把完成的流理臺門片以螺絲固定在原本的櫃門上，也可活用於別處。

mily's 咖啡館風窗框

窗框改造看起來好像工程浩大，其實比想像中簡單。遮蓋鋁製窗框後，再於窗邊添加些許層次感的裝飾。
若想更加輕鬆地DIY改造，也可只在窗戶或門的上方裝設飾框，空間氛圍一樣會有煥然一新的感覺。

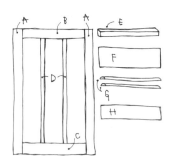

MATERIALS & TOOLS

□ 角材A （白松木：60mm×27mm×L830mm）2根
□ 角材B （白松木：60mm×27mm×L430mm）1根
□ 角材C （白松木：75mm×27mm×L430mm）1根
□ 角材D （白松木：25mm×25mm×L695mm）2根
□ 角材E （白松木：17mm×10mm×L550mm）1根
□ 板材F （柳安木合板：W550mm×H150mm×t4mm）1片
□ 半圓形木條G（直徑20mm×L550mm）2根
□ 板材H （柳安木合板：W550mm×H70mm×t4mm）1片
□ 塗料：Black Beetle （GFW-35）
□ 塗料：Snow White （GFW-26）
□ 塗料：Old Village Antique Liquid Brown（#1232）
□ 底漆：金屬用底漆
□ 型版
□ 螺絲（75mm）8個
□ 鉸鏈（H65mm）2個

□ 舊布料　□ 夾鉗：2個　□ 木工白膠
□ 捲尺　□ 砂紙
□ 電動螺絲起子（起子頭0號、1號，鑽頭8mm）
□ 水彩筆　□ 型版筆刷　□ 毛刷　□ 鉛筆

1

使用夾鉗將角材B固定於作業板上，電動螺絲起子裝上1號起子頭，接著依序將兩根角材A與角材B、角材C接合固定，每個接合點都鎖上一個螺絲。建議使用夾鉗幫忙固定，即使一個人也能輕鬆作業。

2

電動螺絲起子改裝上鑽頭。將板材B分成3等分，並以鉛筆分別在頂面作記號，在記號點上打孔，預備鎖入螺絲。鎖較長的螺絲時，若能先將孔洞鑽好，就能避免在鎖入螺絲時造成板材破裂。

3

將兩根角材D分別嵌入木框內，電動螺絲起子裝上1號起子頭，對準步驟2已鑽好的孔洞的中央，鎖入螺絲，將角材D固定在角材B上。

4

板材H對齊窗框角材C的下緣，以木工白膠貼合在窗框上。上膠時，擠出的白膠寬度以細條為佳，較易黏得牢固。

5

使用舊布沾取Antique Liquid，局部擦塗窗框，特別是四角或邊緣。試著想像哪些部位較容易碰撞到，這些部位集中進行仿舊處理。

6

將鉸鏈與附帶的螺絲零件薄薄地塗上一層金屬用底漆，增加塗料與金屬的密著度。待乾燥，以毛刷漆成黑色。

7

以毛刷沾取Black Beetle（GFW-35）塗料，塗刷窗框本體。可待正面塗料乾燥，背面再進行塗刷，側面與細節處也不要忘記上色。角材E、半圓形木條G以及板材F的正面也要刷色。

8

電動螺絲起子裝上0號起子頭，在板材A的一側，距離上下方兩端各100mm處的側面裝上鉸鏈。

9

板材F放上型版，以型版筆刷刷出文字。筆刷沾取少量Snow White（GFW-26）塗料，然後以輕點的方式上色。如果筆刷沾取太多塗料會容易失敗，下筆前可先以舊布擦拭掉多餘的塗料，再拓印型版圖案。

10

文字型版會有接縫點以防止文字部分掉落缺失，拿掉型版後，以細筆填補接縫點的部分。

11

以木工白膠在板材F的上緣處貼上角材E和一根半圓形木條G，下緣處貼上另一根半圓形木條G。

12

將木框上所有的邊角等容易碰撞的部位，全部以砂紙打磨，強化老舊感。完成後即可裝設於窗戶上。

つるじょの FAVORITE

TSURUJO'S FAVORITE

電動工具　介紹TSURUJO喜愛也在本書中用於改造作業的電動工具。

18V鋰電
複合式工具
EVO183B1/ P1

　　雖然工具種類非常多，但常常出現在TSURUJO成員部落格裡的是這款BLACK＋DECKER的複合式工具EVO。

　　前端接頭可替換起子、砂磨、線鋸、圓鋸，用途廣泛而且方便。從小雜貨到大型家具的製作，經常派上用場。

＊不同的套裝商品，所附的替換接頭也會有差異。

＊販售的替換接頭共有十二種。

1 圓鋸頭

小型圓鋸比較安全，聲音也比較小，能鋸切2cm厚的木材。大型圓鋸因為又重又危險，對女生而言，使用門檻較高。這種小尺寸的圓鋸使用起來較為輕鬆，有助於擴展作品種類。自己製作圓鋸導軌，就可正確切出直線，相關作法可參見成員的部落格。（mily）

2 線鋸頭

用於鋸切曲線或榫口（為了接合用而裁切出凹孔或溝縫）。另售有鋸齒刀刃，可鋸切鐵料，或用於與線鋸並用時的細部裁切。裁切板材時，這兩者是相當重要的工具。（chiko）

3 電鑽頭

可更換起子頭，作為鑽孔或螺絲起子使用。除了大型物件DIY常使用，因為也可鎖精細的螺絲，小型作品的製作也時常派上用場。（gami）

4 磨砂頭

修飾材料表面使其滑順，或是仿舊加工時讓塗料剝落使用。EVO的打磨聲音較小，而且震動也不會太強，手持時負擔輕，操作很輕鬆。（chiko）

MIDORI雜貨屋的綠意風格

GREEN STYLE

PART **9**

DIY + ZAKKA = もっとグリーンを飾りたくなる

DIY＋ZAKKA＝想要裝飾更多綠意 （編註：ZAKKA意為雜貨）

MIDORI雜貨屋以關西地區為中心開始發展，提倡「擁有綠意的生活」。僅是在喜愛的雜貨小物上增添綠意，就能讓它感覺更可愛。在平淡無奇的器皿上種植綠色植栽，或只是將植栽放於馬口鐵罐裡，簡單幾個動作，就能讓物品變得生動而有風格。

因為想向大眾傳達「DIY＋ZAKKA＝更可愛！」這樣的想法，希望集結更多自然風＆老舊風的雜貨，以及適合搭配這些雜貨的綠色植栽，所以開了這家店。

要將「擁有綠意的生活」具體呈現，DIY也是重要的元素。在塗上灰泥、換上新壁紙等DIY改造後的空間裡放入綠色植栽，仿舊風雜貨中加入自然風，完全無違和。綠色植栽簡直百搭，不論是事先DIY改造完成的作品，或作為室內擺設的雜貨，添加綠意，一切美好得令人訝異。

對於DIY入門者而言，塗裝絕對是開始的第一步，所以店內排滿了塗料與毛刷。

除了販售物品之外，MIDORI雜貨屋還會定期舉辦塗裝、合植、型版技法等工作坊活動。

動手吧！讓DIY、ZAKKA、GREEN的組合，為你創造出更美好的生活！

BRANCH SHOP

每家分店都像是玩具箱，值得你反覆翻找「玩具」。店內有Ficus umbellata（愛心榕）與橄欖樹等
容易種植的綠色植物，也有苔蘚用盆與馬口鐵等質樸粗獷的器皿，還有木箱等人氣商品。

| 西宮店 | 〒663-8204
兵庫　西宮市高松町14-2 阪急西宮ガーデンズ 1階 東モール
TEL：0798-65-4187 |

| なんば店 | 〒542-0076
大阪市中央区難波5-1-60 なんばCITY 本館 地下1階
TEL：06-6644-2487 |

| 京都桂川店 | 〒601-8601
京都市南区久世高田町376-1 イオンモール京都桂川 1階
TEL：075-921-4187 |

行李箱、壁爐裝飾、畫框、梯子、車輪、告示牌……
這些雜貨都能融入以灰泥或壁紙改造後的場景，綠色植栽也能凸顯這些布置。

行李箱

帶有古典氣息的古董行李箱造型箱，讓空間
彷彿在時光之流中，呈現古老氣息，是布置
上很實用的雜貨小物。與畫框組合，可創造
出如婚禮般的歡迎看板風格空間。自家入口
周圍若能同時裝飾一些小物件或人造植栽，
立即就變成一個引人矚目的角落。當然也可
將行李箱單純疊放擺設。

壁爐裝飾

壁爐裝飾搭配設置於客廳或大廳暖爐周圍的牆面，
是十四至十六世紀文藝復興時期室內裝潢的象徵元
素。如果想要呈現古代歐洲的風格，並顯出品味高
度，推薦將這款擺飾放於門口或櫃子前方，再以一
些小物件或攀緣性植物增添布置的樂趣。

告示牌

巴士告示牌常見於1960至1990年代的美國與英國，裝設於巴士站前面，標示著公車路線，仿製的告示牌雜貨因充滿「陽剛風格」而深受歡迎。最近常見以帆布或金屬板、黃麻布等材質來設計巴士告示牌，作出各式各樣的款式。可與綠色植栽相互搭襯。

畫框・梯子・車輪

畫框是一款可凸顯其他雜貨或綠色植栽的好用物件。想作出高低層次時，梯子絕對是首選，只要將雜貨與攀緣性植物均衡地排列，就可演繹出具有動感的愉悅空間。車輪不僅可放置於室外，想表現收納間或工作室意象的時候，也能創造層次感。

掛毯

以英文字裝飾室內是很常見的設計。文字掛毯的樣式相當多元，有活化織物布料優點的設計，也有色彩豐富的設計，將英文句子排列起來相當好看。

CABBAGE BOX

1930至1940年代，歐洲農家在高麗菜收成時，會以木製箱子來裝運蔬菜。
真正的古董高麗菜木箱非常搶手，不容易購得，
本店所販售的木箱是講究細節的仿製品。

仿古的木箱有很多種，包括馬鈴薯木箱、大理花木箱、蘋果木箱等，每一種木箱的大小與形狀多有差異。我們在店裡再現的是高麗菜木箱，打造老舊風庭園的必備物件，尺寸：W51×D38×H26cm。這款仿製品非常講究邊角木材的組合、金屬零件等細節，仿真度極高，可說是「未經農家使用的高麗菜木箱」。與古董木箱不同，沒有附著泥土或農藥，推薦給有相關疑慮的消費者。

高麗菜木箱的特色是底部為鐵網，平常使用時能通風、瀝乾水分。將側面向下放置作出高度時，也可使當作背景的牆面隱約可見，兼具透光與通風。將木箱層疊擺放時，室內擺設能增添立體感與動感。

非常耐用，不容易損壞，適合用來玩各種改造創意。木箱講究復古細節，不論是保持原貌，或稍作一些改變，都能享受布置的樂趣。店內還有薄型的法式大理花木箱，非常適合與高麗菜木箱搭配陳列。每款木箱皆已塗上防護油。

1 chiko在餐廳的窗邊側牆疊放多個木箱，作為收納文件資料夾之處。

2 RIKA也在室內放置木箱，主要在露臺花園中創造出擺設的層次感，這種應用方式相當令人矚目。

3 Nego將木箱橫向擺放，上方加裝頂板作為電視櫃。

4 mily在木箱底部加裝滑輪，並覆蓋一層布料。箱子很堅固，就算坐在上面也沒問題。

5 gami將兩個木箱加裝鉸鏈與滑輪，用來放置塗料罐。因為以鉸鏈相接，也可轉為橫向並排使用。

6 Rie將木箱橫放，上下加裝配管，再於頂部放置一塊木板當作書桌。

TSURUJO成員們的改造

TSURUJO成員在各自的家中也善用木箱進行布置。
各式各樣的改造與活用令人眼睛一亮。

室內僅僅只是加上綠色植栽，便可表現出一個乾淨洗練的空間。先選擇一種植栽作為重點擺飾吧！
在此介紹的綠色植栽生命力強韌、易照顧，且易與DIY空間或雜貨進行搭配。

可作為家中的標誌

琴葉榕，榕屬植物，原產於熱帶非洲。波狀起伏的深綠色圓葉片，令人印象深刻。具有厚重的存在感，能融入陽剛品味或工業風格的DIY改造空間。由於生命力強韌，房內即使無法培育其他植物，也一定可以養活它。挑選時，要注意葉片顏色應色澤飽和，避免放在陽光直射處。

橄欖樹，原產於地中海，銀色葉片非常美麗，廣泛用於室內、戶外的擺設。想體驗橄欖樹結果的樂趣，必須與不同品種的橄欖交配，店內也售有兩株一組的盆栽。橄欖喜愛明亮的環境，特別推薦用來當作庭院的標誌樹。若想放在室內照顧，請選擇陽光能照射到的窗邊。

Ficus umbellata（愛心榕），榕屬植物，柔軟的葉片像是一個大愛心，相當可愛，很容易在空間中融入自然風格，廣受歡迎。伸展的枝椏能賦予空間躍動感，建議挑選樹形較為獨特的植栽。可將植栽放置在掛有蕾絲窗簾的窗邊，或是半日照的陰涼場所，冬天的夜晚則移至遠離窗邊的位置。

合歡樹，一到夜晚，左右兩排的小葉片便會閉合垂下。在灰泥白牆、簡約的現代感空間裡，可凸顯出輕巧纖細的葉片。合歡也有直挺枝椏的樹種。梅雨季節時，會綻放宛如毛刷般的粉紅或白色花朵。向陽性生長，植栽漸大時，建議移植換盆。

小巧的綠色植栽

五葉地錦，因可愛的鋸齒狀五瓣葉而深受歡迎。深綠色葉片，除了能映襯灰泥白牆、簡約的現代風格，也適合自然風格的空間。若是特別將地錦種植在具有高度的盆器或吊掛式花盆，便可欣賞它凌空垂掛的姿態。避免陽光直射，須放置在半日照的陰涼處照顧，植栽生長紛亂時，可進行修剪。

Little green

常春藤，廣泛適合搭配各式各樣的雜貨。由於具攀緣生長的特性，可試著讓它攀緣延伸或垂掛而下，與其他雜貨連袂演出。帶斑紋的葉片可演繹出雅緻、清爽的空間。常春藤品種多樣，有帶斑紋的葉片品種，也有帶灰色的葉片品種。推薦選用具有分量感的大株常春藤。

黑法師，多肉植物，原產於地中海型氣候地區。帶有光澤的紅棕色葉片呈放射狀，兼具休閒感與時髦氣息，適合陽剛品味或工業風格的DIY改造空間。放置於向陽且通風的場所照顧，生長雜亂時，可進行修剪。以扦插法即可輕鬆繁殖。

栽培植物的重點在於澆水。

待土壤表面乾燥後,再充分給予水分。

澆水的原則

表面土壤一旦變乾,可充分澆水,直到水分從盆底流出,這樣就可使整個土壤充分濕潤,多餘水分也會從底孔排出,保持在富含水分與空氣的理想狀態。

盆器的盛水盤若是積水,盆器中的水分就無法排出,這時必須倒掉盛水盤中的積水,或是以毛巾將水分吸乾。如果植物放在室內,可準備一個專門給植物使用的大型塑膠盆,澆水前將植物移至塑膠盆中,澆水後等多餘水分流出後,再將植栽放回原本的盛水盤中。

最佳的澆水量要依照通風狀況與盆器大小、土壤等環境條件而適當改變。

使用噴霧罐在葉片上噴水,除了可提供葉片水分之外,也能預防病蟲害,以一天一次為佳。也可以輕擰後的濕布直接擦拭葉片,具有同樣效果。

因應環境進行適當調整

自然環境中,只要下雨便能充分濕潤土壤,植物可從根部充分吸收水分。天氣持續放晴時,土壤也會因此逐漸變乾燥。人工培植時可模仿自然作出這樣的介質環境。此外,植物根部也會呼吸,若土壤一直處於濕潤狀態,會導致植物根部無法呼吸,長期持續下去,根部不僅會腐爛,植物的生命力也會變弱。

只要常常接觸、照顧植物,就能逐漸瞭解給予水分的時機。

土壤乾燥的狀況除了隨著季節有所變化,平時置放處的溫度、氣候、日照與通風等,也都是影響因素。放在室內或室外,還是放在玄關等靠近室外的室內場所;是全日照或半日照,還是無日照;大多時候有人在家或無人在家;是否時常使用冷暖氣;植物是否替換種植;盆器的大小或土壤量如何⋯⋯依據不同的環境,土壤乾燥的狀況也不同。

購入植物後一年之間,可特別觀察土壤的狀態,配合環境調整澆水的時機點。

INAZAURUSU屋の人造植栽

人造植栽屬於「雜貨」，可從雜貨的角度去享受布置樂趣，
不需受限於擺設位置或裝飾方法，可打造出各式各樣的「盆栽」，
擁有與真實植物全然不同的魅力。

位於MIDORI雜貨屋「鶴見倉庫（STOCK YARD）」的INAZAURUSU屋一角（編註：鶴見倉庫店面已於2017年結束營業）。

人造植栽不需要陽光、水、土壤，任何空間皆可自在
放置，包括無日照的廚房、洗手間、玄關、澆水困難的高
處……可創造出各式各樣的裝飾，也不必擔心蟲害。

在人造植栽中加入金屬線後，可隨意捲曲延伸，變
化不同的外觀，也可修剪成小分量分別使用，還可充分
享受與雜貨搭配的樂趣，或混合多色彩的人造植栽，玩
出新花樣。

擺脫「人造植栽＝真實植物仿製品」的想法，從
「人造植物＝雜貨」的角度來看待這樣的產品，便能真
正享受人造植栽的布置樂趣。

人造植栽有很多配置法，本單元介紹六種人造植栽的裝飾方式。

1
直接吊掛＆垂下

這是最簡單的裝飾方法。
建議吊掛於比平常視線高的位置，
使枝條自然下垂。

2
平面擺放

以單盆植栽的方式擺放，
或與喜愛的雜貨一起擺放也很有趣。

3
直接放入器皿中

只要簡單地置於器皿中，
就能創造出自然感的氣氛。

4
攀附＆纏繞＆捲繞

試著想像真實植物生長延伸的感覺，
模仿自然枝條的形態進行裝飾。

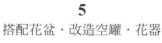

5
搭配花盆‧改造空罐‧花器

像種植真實植物一樣放入相應的盆器中，
創造以假亂真的裝飾趣味。

6
進行各種DIY改造

若有喜愛的人造植物，為了更好地以它來美化空間，
可特別為它DIY，打造一個適合的呈現方式。

HOW TO DECORATE

人造植栽的裝飾方式有四個祕訣，一定要學起來！

1
隱藏人造感部分
枝幹、莖的部分若顯而易見，會讓人有「再怎樣還是假樹假花」的負面印象。
可將莖枝彎折捲曲，或直接隱藏於容器中。

2
彎折、增量
人造植栽若過於挺直可藉由彎折使其更接近真實植物的姿態，
若過於稀疏，可多放幾株，作出分量感。

3
接受日照，增加真實度
雖然不需陽光照射是人造植栽的優點，但若將它放置於日照處，會更接近真實植物的感覺。
建議可向太陽借點兒光來妝點一下。

4
與真實植物搭配，加強真實感
可與真實的植栽或漂流木一起擺設裝飾，人造植栽的感覺會更加接近真實。

DIY其實比想像中輕鬆簡單，而且比什麼都要令人愉悅。如果能與家人或朋友一起動手DIY，則會更為開心。
身為DIY初學者的我，也是從TSURUJO夥伴身上學會這點。
真心希望透過這本書以及未來TSURUJO舉辦的活動，能讓更多的人接收到我們想傳達的DIY魅力。
INAZAURUSU邀請您一起來玩。

人造植栽選品店「INAZAURUSU屋」
http://www.kusakabegreen.com/

國家圖書館出版品預行編目(CIP)資料

DIY＋GREEN　自宅改造綠色家居 / TSURUJO ＋ MIDORI雜貨屋著；/
Miro譯.
-- 初版. -- 新北市：良品文化館：雅書堂文化發行, 2018.10
面；公分. -- (手作良品；80)
ISBN 978-986-96634-9-6 (平裝)

1.家庭佈置 2.手工藝 3.觀葉植物

422.5　　　　　　　　　　　　　　　107015894

手作❤良品　80

DIY+GREEN
自宅改造綠色家居

作　　　　者／TSURUJO ＋ MIDORI雜貨屋
譯　　　　者／Miro
發　 行　 人／詹慶和
總　 編　 輯／蔡麗玲
執 行 編 輯／李宛真
特 約 編 輯／黃建勳
編　　　　輯／蔡毓玲・劉蕙寧・黃璟安・陳姿伶・陳昕儀
封 面 設 計／韓欣恬
美 術 編 輯／陳麗娜・周盈汝
出　 版　 者／良品文化館
發　 行　 者／雅書堂文化事業有限公司
郵政劃撥帳號／18225950
戶　　　　名／雅書堂文化事業有限公司
地　　　　址／新北市板橋區板新路206號3樓
電 子 信 箱／elegant.books@msa.hinet.net
電　　　　話／(02)8952-4078
傳　　　　真／(02)8952-4084

2018年10月初版一刷 定價380元

經銷／易可數位行銷股份有限公司
地址／新北市新店區寶橋路235巷6弄3號5樓
電話／(02)8911-0825　傳真／(02)8911-0801

Staff

設計／阿部智佳子
攝影／矢郷桃・TSURUJO・RIKA
插圖文字／gami　校對／坂本正則
製作協助／TSURUJO的家人與朋友們
編輯／小林朋子（吉祥舍）

DIY+GREEN MOTTO OUCHI WO SUKININARU by Tsurujo+Midori-
no-zakkaya
Copyright © Tsurujo / Midori-no-zakkaya, 2016
All rights reserved.
Original Japanese edition published by SHINKEN PRESS

Traditional Chinese translation copyright © 2018 by Elegant Books
Culural Enterprise Co., Ltd.
This Traditional Chinese edition published by arrangement with
SHINKEN PRESS, Nagano, through HonnoKizuna, Inc., Tokyo, and
KEIO CULTURAL ENTERPRISE CO., LTD.

敲敲 打打

假日木匠大玩居家布置

本圖摘自《會呼吸&有溫度の白×綠木作設計書》

手作良品03
自己動手打造超人氣木作
作者：DIY MAGAZINE
「DOPA!」編輯部
定價：450元
18.5×26公分·192頁·彩色＋單色

手作良品02
圓滿家庭木作計畫
作者：DIY MAGAZINE
「DOPA!」編輯部
定價：450元
21×23.5cm·208頁·彩色＋單色

手作良品05
原創&手感木作家具DIY
作者：NHK
定價：320元
19×26cm·104頁·全彩

手作良品20
自然風·
手作木家具×打造美好空間
作者：日本VOGUE社
定價：350元
21×28cm·104頁·彩色

手作良品10
木工職人刨修技法
作者：DIY MAGAZINE 「DOPA!」
編輯部 太卷隆信·杉田豐久
定價：480元
19×26cm·180頁·彩色＋單色

手作良品32
初學者零失敗！
自然風設計家居DIY
作者：成美堂出版
定價：380元
21×26公分·128頁·彩色

手作良品45
動手作雜貨玩布置
自然風簡單家飾DIY
作者：foglia
定價：350元
14.7×21公分·136頁·彩色

手作良品51
會呼吸&有溫度の
白×綠木作設計書
作者：日本ヴォーグ社
定價：350元
21×27 cm·80頁·彩色

手作良品57
職人手技：疊刷×斑駁×褪色
仿舊塗裝改造術
作者：NOTEWORKS
定價：380元
19 × 26 cm·112頁·彩色＋單色

手作良品68
最受歡迎&最益智！超圖解·
機構木工玩具製作全書
作者：劉玉珥、蔡淑玫
定價：450元
19 × 26 cm·136頁·彩色